Wissenschaftliche Arbeiten in den Ingenieur- und Naturwissenschaften

Frank Lindenlauf

Wissenschaftliche Arbeiten in den Ingenieur- und Naturwissenschaften

Ein praxisorientierter Leitfaden für Semester- und Abschlussarbeiten

 Springer Spektrum

Frank Lindenlauf
Fakultät für Technik
Bereich Wirtschaftsingenieurwesen
Hochschule Pforzheim
Pforzheim, Deutschland

ISBN 978-3-658-36735-0   ISBN 978-3-658-36736-7 (eBook)
https://doi.org/10.1007/978-3-658-36736-7

Die Deutsche Nationalbibliothek verzeichnet diese Publikation in der Deutschen Nationalbiblio-
grafie; detaillierte bibliografische Daten sind im Internet über http://dnb.d-nb.de abrufbar.

Planung/Lektorat: Margit Maly
Springer Spektrum ist ein Imprint der eingetragenen Gesellschaft Springer Fachmedien Wiesbaden
GmbH und ist ein Teil von Springer Nature.
Die Anschrift der Gesellschaft ist: Abraham-Lincoln-Str. 46, 65189 Wiesbaden, Germany

Wer einen wirklich
klaren Gedanken hat,
kann ihn auch darstellen.
Ist der Geist einmal
der Dinge Herr,
folgen die Worte von selbst.*

Michel Eyquem de Montaigne

(1533 – 1592)

You cannot build
a complex system
from scratch.†

John Gall

(1925 – 2014)

Inhalt

Was Sie in diesem Leitfaden finden

► Sie erhalten Anleitung zum grundlegenden Aufbau einer wissenschaftlichen Arbeit – Semesterarbeit, Thesis, Projektbericht.

► Sie vertiefen Ihre Kenntnisse im wissenschaftlichen Schreiben.

► Sie lernen, wie Sie Ihre Argumentation mit Quellen belegen und deren Belastbarkeit bewerten können.

► Sie lernen die wichtigsten Aspekte zur Gestaltung von Abbildungen, Diagramme, Tabellen und Formeln.

► Sie erfahren, wie Sie die Messunsicherheit ermitteln und zur Angabe Ihrer Ergebnisse einsetzen.

► Sie lernen, Produkte, Prozesse und Messgeräte zu beurteilen.

► Sie bekommen eine Einführung in die Planung von Versuchen.

► Sie erfahren, wie Sie im Projekt »Thesis« vorgehen.

► Sie finden Tipps zum finalen Schreiben der Arbeit und zum Einsatz von Software-Werkzeugen.

► Korrekturzeichen geben Ihnen Hinweise auf Stolpersteine.

► Sie finden viele Beispiele und Verweise auf belastbare Quellen.

Vorwort

Die Bachelor- oder Masterthesis bildet den erfolgreichen Abschluss Ihres Studiums. Eine Semester- oder Studienarbeit ist oft der einzige Leistungsnachweis im jeweiligen Fachsemester.

Mit Ihrer Ausarbeitung zeigen Sie, dass Sie Ihr Thema erfasst und mit eigenen Ideen und Lösungen bereichert haben. Sie zeigen auch und gerade Ihren zukünftigen Lesern Ihre Kompetenz im wissenschaftlichen Arbeiten. Diese Konstante wird unabhängig von der aktuellen Aufgabe in Ihrem Beruf bestehen bleiben.

Die Methoden des wissenschaftlichen Arbeitens werden Sie bei kommenden Herausforderungen immer wieder anwenden. Dabei gilt es darauf zu achten, vorhandenes Vorwissen effektiv für die eigene Aufgabenstellung und Argumentation zu nutzen. Hierzu ist gutes wissenschaftliches Arbeiten nicht nur ein notwendiges Übel, sondern ein mit viel Gewinn, Freude und neuem Wissen belohntes Abenteuer. Und wie bei Allem, was wir tun, entstehen die Fertigkeiten und oft auch der Spaß an der Sache erst bei regelmäßiger Wiederholung.

Dieser Leitfaden soll Sie dabei unterstützen. Betrachten Sie ihn als Ratgeber, Quellenverzeichnis und vor allem als Anschauungsmaterial. So wie Sie die einzelnen Dinge hier sehen, sollten Sie sie ausführen. Darüber hinaus gibt er Tipps zu Themen, wie etwa *Formulieren von Aufgaben*, *Erstellen von Projektplänen* oder *Rechtschreibung*. Diese gehören zwar nicht zum Kern wissenschaftlichen Arbeitens, führen aber immer wieder zu Schwierigkeiten.

Der Fokus liegt auf ingenieurwissenschaftlichen Fragestellungen, die in anderen Werken zum wissenschaftlichen Arbeiten meistens nicht oder nur als Randthema zu finden sind.

Der Leitfaden ist ein *work in progress*. Er wird sich weiter entwickeln. Auf Hinweise und Anregungen meiner Leser freue ich mich und bedanke mich schon jetzt dafür.

Haben Sie viel Spaß und Erfolg bei der Umsetzung und scheuen Sie nicht die Kontaktaufnahme.

Frank Lindenlauf

1 Einleitung

Zum *wissenschaftlichen Arbeiten* gibt es sehr viel Literatur. Die Bücher von BALZERT ET AL. [6], FRANCK/STARY [101], THEISEN [194], HIRSCH-WEBER/SCHERER [115] und STOCK et al. [189] seien beispielhaft für viele andere genannt. Auch zum Studieren selbst gibt es Hilfestellung [138]. Je nach Vorliebe der Autoren liegen die Inhalte auf unterschiedlichen Schwerpunkten. An nahezu jeder Universität oder Hochschule gibt es weitere Dokumente mit Regeln und Hinweisen, wie eine bestimmte Arbeit verfasst sein muss [4, 116, 179].

Viele Abschlussarbeiten – und nicht nur diese – zeigen jedoch Defizite in den Belangen, die besonders bei ingenieurwissenschaftlichen Texten zu beachten sind, in den meisten Büchern zum Thema aber oft nur am Rande behandelt werden – wenn überhaupt[1]. Hierzu zählen:

► Verwendung von Fachbegriffen

► Technische Abbildungen und Diagramme

► Technische und statistische Tabellen

► Formelzeichen und Formelsatz

► Physikalische Größen und Einheiten

Der hier vorliegende Leitfaden fokussiert auf diese Aspekte, die teilweise schon seit Jahrzehnten – oft in Technischen Regeln – vorbildlich beschrieben und begründet sind. Auf entsprechende Normen wird Bezug genommen. Die wichtigsten Aussagen sind mit Beispie-

---

[1]Eine Ausnahme ist hier das Werk von HIRSCH-WEBER/SCHERER [115].

© Der/die Autor(en), exklusiv lizenziert an
Springer Fachmedien Wiesbaden GmbH, ein Teil von Springer Nature 2022
F. Lindenlauf, *Wissenschaftliche Arbeiten in den Ingenieur- und
Naturwissenschaften*, https://doi.org/10.1007/978-3-658-36736-7_1

len verdeutlicht. Dieser Teil des ingenieurmäßigen Arbeitens, nämlich Normen und Technische Regeln als *Originalquelle* und insbesondere als *Stand der Technik* für die eigene Arbeit zu verwenden, scheint fast verloren gegangen zu sein und soll hiermit aufgefrischt oder neu vermittelt werden.

Im Kapitel *Grundlagen* ist deshalb die *bewährte Struktur einer Thesis* dargelegt. Die *Methodik des wissenschaftlichen Arbeitens* wird hier kurz erläutert. Darüber hinaus gibt es erste Tipps.

Hinweise zu Abbildungen, Tabellen und Formeln, hier zusammenfassend als *grafische Objekte* bezeichnet, bilden den Kern des Leitfadens mit einem eigenen Kapitel. An vielen Stellen dienen Stichworte dem schnellen Erfassen.

Der Aufbau von Literatur-, Abkürzungs-, Abbildungs- und Tabellenverzeichnissen, das Schreiben von Formeln, das Erstellen von Tabellen und Diagrammen und der Ausdruck mit einem sehr guten, vor allem aber konsistenten Satzbild ist mit den weit verbreiteten Software-Werkzeugen nur mit sehr viel Mühe, *Handarbeit* und extremer Sorgfalt zu bewerkstelligen. Hierzu gibt es Alternativen. Deshalb wurde dieser Leitfaden mit dem Textsatzsystem LaTeX [142] und darauf aufbauenden Zusatzpaketen für spezielle Aufgaben erstellt – hierzu und zum Einsatz hilfreicher Software mehr im Kapitel *Werkzeuge*.

Tipps zum Vorgehen im *Projekt »Thesis«* und zum *Schreiben* der Arbeit gibt es im zugehörigen Kapitel. Mein Tipp: Trennen Sie diese beiden Aspekte organisatorisch und zeitlich voneinander. Das Kapitel *Korrekturzeichen* weist auf mögliche Stolpersteine hin.

Das *Inhaltsverzeichnis* basiert auf den Vorgaben der DIN 1421 [45]. Das *Quellenverzeichnis* ist erstellt nach DIN ISO 690 [75] und dient somit selbst als Beispiel. Auf die Quellen wird numerisch Bezug genommen. Dies ist die kompakteste Art des Zitierens. Es stört den Lesefluss am geringsten.

2 Aufbau einer Thesis

2.1 Gliederung

Die grundsätzliche Struktur einer Thesis zeigt Tabelle 2.1. Zur Orientierung gibt die zweite Spalte die Anteile der nummerierten Kapitel an der gesamten Arbeit. Für eine Arbeit mit einem geplanten Umfang von 32 Seiten ergeben sich die Werte in der dritten Spalte.

Kapitel	Anteil/%	Umfang/S.
Inhalt		
1 Einleitung	2	1
2 Grundlagen	16	5
3 Vorgehen	32	10
4 Ergebnisse	48	15
5 Fazit	2	1
Quellen		
Abkürzungen		
Gesamt	100	32

Tabelle 2.1: Grundstruktur und Nummerierung der notwendigen Kapitel einer wissenschaftlichen Arbeit. Anteile und Umfänge dienen der Orientierung

Die Gliederung kann begründet auch anders sein. Meistens müs-

© Der/die Autor(en), exklusiv lizenziert an
Springer Fachmedien Wiesbaden GmbH, ein Teil von Springer Nature 2022
F. Lindenlauf, *Wissenschaftliche Arbeiten in den Ingenieur- und Naturwissenschaften*, https://doi.org/10.1007/978-3-658-36736-7_2

sen die Kapitelüberschriften dem Thema der Arbeit angepasst und konkretisiert werden. So könnte etwa das zweite Kapitel auch *Stand der Technik* heißen. Nur die Kapitel des zentralen Teils der Arbeit werden nummeriert. Alle Verzeichnisse sind eigenständige Kapitel. Deren Titel enthält das Wort *Verzeichnis* nicht. So heißt das Kapitel mit dem Inhaltsverzeichnis einfach nur *Inhalt* [45]. Das Kapitel mit dem Quellenverzeichnis hat die Überschrift *Quellen*.

Die Entscheidung für zusätzliche Verzeichnisse orientiert sich vor allem am Gesamtumfang der Arbeit und damit an den Fragen:

► Wie lässt sich eine bestimmte Textstelle in der Arbeit finden?

► Wie häufig muss ein Leser diese Textstelle suchen?

► Welche Informationen braucht der Leser, um in einem Verzeichnis zu suchen?

Ein hilfreicher Anhaltspunkt ist die Antwort auf die Frage, wie stark die Arbeit als Nachschlagewerk verwendet werden soll. Wie groß ist die erwartete Häufigkeit, mit der Leser nur eine einzelne Abbildung, eine einzelne Tabelle oder einen Textausschnitt zu einem Stichwort lesen? Nur dann werden sie diese gezielt finden müssen. Auch den hierfür notwendigen Aufwand sollten Sie berücksichtigen. Denken Sie ökonomisch. Es geht nicht darum zu zeigen, dass Sie Verzeichnisse erstellen können. Aufwand und angestrebter Nutzen sollten sich ausbalancieren.

Bei einer Arbeit mit einem Umfang von bis zu 100 Seiten sind aus meiner Sicht Verzeichnisse für Abbildungen und Tabellen nicht notwendig. *Aber*: Klären Sie dies frühzeitig mit dem Empfänger oder Gutachter Ihrer Arbeit. Verzeichnisse der verwendeten Formelzeichen und Symbole sowie ein Glossar und das Stichwortregister werden ebenfalls nach Bedarf ergänzt.

Denken Sie daran: Der Leser muss etwa den Titel einer bestimmten Tabelle bereits kennen, um danach im Tabellenverzeichnis zu suchen. Wahrscheinlich ist es einfacher und schneller, die Tabelle direkt in der Arbeit zu suchen, da man sich an deren Aussehen eher erinnert als an ihre Beschriftung. Tabelle 2.2 listet häufig verwendete ergänzende Kapitel einer Thesis.

Kapitel
Zusammenfassung
A Anhang A
B Anhang B
Weitere Anhänge
Abbildungen
Formelzeichen
Symbole
Tabellen
Wichtige Begriffe (Glossar)
Stichworte

Tabelle 2.2: Mögliche zusätzliche Kapitel einer Thesis. Generische Titel wie *Anhang A* sind durch aussagekräftige Namen zu ersetzen

Anhänge sind zusätzliche Kapitel mit Inhalten, die für den Kerntext nicht zwingend sind aber hilfreiche oder schwer auffindbare Informationen liefern – etwa ausgefüllte Fragebögen, Auszüge aus betriebsinternen Dokumenten und ähnliches. Sie sind zu behandeln wie die Kapitel im Hauptteil der Arbeit. Sie haben deshalb aussagekräftige, ihrem Inhalt entsprechende individuelle Titel, nicht bloß generische, wie *Anhang A*.

2.2 Hauptteil

2.2.1 Einleitung

Die Einleitung ist das Fundament einer jeden wissenschaftlichen Arbeit. Beachten Sie folgende Hinweise:

- ▶ Die Einleitung enthält die Begründung der Arbeit, insbesondere den Zweck und die zu lösende(n) Aufgabe(n).
- ▶ Das Kapitel beginnt mit der Beschreibung der Problemlage.
- ▶ Hiervon wird die zu lösende Aufgabe abgeleitet.
- ▶ Diese wird als *wissenschaftliche Leitfrage* oder *Forschungsfrage* formuliert, die mit dieser Arbeit beantwortet werden soll.
- ▶ Ausgangslage und Zielsituation sind so zu konkretisieren und mit Fakten zu belegen (zu quantifizieren), dass am Ende entschieden werden kann, ob und wie die gestellten Fragen beantwortet sind.
- ▶ Alle, auch betriebsinterne Aussagen sind so mit Quellen zu belegen, dass der Leser diese, zumindest grundsätzlich, nachprüfen kann.
- ▶ Ferner gibt es hier eine Kurzübersicht über die Inhalte der einzelnen Kapitel, damit der Leser die innere Logik der Arbeit erkennen und nachvollziehen kann. Wenn er bestimmte Inhalte bereits weiß, z. B. die Grundlagen, kann er diese überspringen.
- ▶ Die Einleitung ist nicht weiter untergliedert.

2.2.2 Grundlagen

Dieses Kapitel enthält die zum Verständnis der Arbeit erforderlichen Grundlagen aus Theorie und Praxis. Insbesondere ist hier der aktuelle Stand von Wissenschaft und Technik beschrieben. Folgende Hinweise können helfen:

▶ Den Titel passen Sie in Absprache mit Ihrem Betreuer an das Thema Ihrer Arbeit an, etwa mit der Formulierung *» Grundlagen zum/zur ... «* oder *» Grundlagen des/der ... «*

▶ Hier gehören *alle* für das weitere Geschehen erforderlichen Grundlagen hin, *aber auch nicht mehr.*

▶ Beschreiben Sie vom aktuellen Stand des Wissens nur den Teil, den Sie im weiteren Verlauf verwenden.

▶ Stellen Sie für jeden Abschnitt den Bezug zu seiner Anwendung im Kernteil der Arbeit her, so dass die Leser stets erkennen kann *wofür, weshalb, wo* und *wie* der hier behandelte Stoff gebraucht wird.

▶ Der *fehlende Bezug* zwischen Grundlagen und deren *Anwendung in der Thesis* ist ein häufiger Grund für eine *schlechtere Bewertung.*

▶ Lassen Sie, wenn möglich, das Wort *theoretisch* weg, denn es kann auch praktische, technische, historische oder sonstige Grundlagen geben.

▶ Wenn Sie eine bestimmte Methode z. B. aus betrieblichen Gründen anwenden müssen, setzen Sie sich damit kritisch auseinander.

Denken Sie daran: *Die Thesis ist kein Lehrbuch.* Sie müssen keinen Überblick über weit verbreitete Inhalte und Methoden zum Fachgebiet Ihrer Thesis geben, sondern nur zu den Konzepten, die Sie benötigen.

2.2.3 Vorgehen

Ausgangssituation

Damit die Leser den weiteren Gang der Thesis verstehen können, brauchen sie den Rahmen, in dem die Arbeit durchgeführt wurde. Alle folgenden Aktivitäten leiten Sie von diesem Bezugspunkt ab.

► Den Titel passen Sie bei Bedarf an.

► Hier stellen Sie alle Fakten zur Ausgangssituation zusammen. Bewerten sie diese in Bezug auf die zu lösenden Aufgaben Ihrer Arbeit.

► Beschreiben Sie das Umfeld im Unternehmen oder Ihrer Arbeitsgruppe aber stets mit konkretem Bezug auf Ihre Arbeit.

Denken Sie daran: *Die Thesis ist keine Werbebroschüre für ein (Ihr) Unternehmen.* Da zum Verständnis der Ausgangssituation meistens schon Grundlagen erforderlich sind, ist das Kapitel an dieser Position.

Methodik und experimenteller Aufbau

Hier begründen und beschreiben Sie die zum Erreichen der gesteckten Ziele angewendeten Methoden. Hierzu gehören u. a. experimentelle Aufbauten, Versuchsanordnungen, die Entwicklung von Fragebögen und vieles mehr. Beachten Sie

► Den Titel passen Sie bei Bedarf an.

► Alternativen: Projekt, Vorhaben, (Mess-) Kampagne ...

Durchführung

Nachdem der Startpunkt und die Methodik klar sind, beschreiben Sie hier, was Sie getan haben, um die Ziele und die Ergebnisse der Arbeit zu erreichen. Hierzu gehört

► Warum (zu welchem Zweck)

► Womit

► Wie und mit welchen Einstellungen (Parameterwerten)

► Von wem sonst noch

► Wann und in welcher Reihenfolge

die beschriebenen Aktivitäten durchgeführt wurden. Verwenden Sie hier die *Vergangenheitsform* als die richtige Zeitform. Denn dann, wenn Sie die Arbeit schreiben werden, und später, wenn sie gelesen wird, sind diese Schritte längst passiert.

▶ Den Titel passen Sie bei Bedarf an.

2.2.4 Ergebnisse

Dies ist das wichtigste Kapitel einer jeden Arbeit. Entsprechend hoch wird es gewichtet bei der Bewertung (siehe Kapitel 6.4). Denken Sie daran, dass viele Leser Ihrer Arbeit dieses Kapitel sofort nach der Einleitung lesen. Danach entscheiden sie, ob es sich lohnt, die gesamte Arbeit zu studieren.

▶ Hier finden sich *alle* Ergebnisse.

▶ Die Ergebnisse sind durch *Messungen, Formeln, Diagramme, Tabellen* sowie eine *logisch aufgebaute, schlüssige und nachvollziehbare Argumentation* belegt.

▶ *Kein* hierfür erforderlicher *Beleg* (etwa eine Tabelle oder ein Diagramm) wird in den Anhang ausgelagert.

▶ Die Kernergebnisse sind verdichtet in Abbildungen und Tabellen oder neuen Gleichungen.

▶ Der Leser muss jedes Ergebnis anhand der gegebenen Zahlen, Daten und Fakten (*ZDF*) leicht nachvollziehen können, *ohne langwierige eigenen Rechnungen.*

▶ Im diesem Kapitel gibt es keine neu eingeführten Begriffe und grundlegende Erläuterungen, außer eigene Neuentwicklungen.

Wenn alle Ergebnisse beschrieben sind, steht fest, welche Grundlagen benötigt werden, und wie das Vorgehen hierfür zu beschreiben ist, damit der Leser es nachvollziehen kann. Deshalb:

▶ Schreiben Sie das Ergebniskapitel zuerst.

2.2.5 Fazit

Für ungeduldige Leser gibt dieses Kapitel eine kurze Zusammenfassung der Arbeit in Form der wichtigsten *qualitativen* und *quantitativen Ergebnisse*. Noch offene oder neu hinzu gekommene Fragestellungen werden ebenso kurz dargestellt wie Vorschläge für die Fortführung der Arbeit.

▶ Hier ist die gesamte Arbeit auf höchstens zwei Seiten zusammengefasst.

▶ Nennen Sie die *zentralen Ergebnisse*, vor allem die Werte von quantitativen Ergebnissen.

▶ Beschreiben Sie Ihre Vorschläge zur Lösung der offen gebliebenen Fragen, oder derer, die sich im Laufe der Arbeit ergeben haben.

▶ Bewerten Sie hier Ihre eigene Arbeit kritisch.

2.2.6 Quellen

Es gibt drei Hauptvarianten zur Gestaltung der Quellenangaben im Text und des zugehörigen Quellenverzeichnisses [75]:

▶ *Name-Datum-System (Harvard-System)*

▶ *Numerisches System*

▶ *Fortlaufende Anmerkungen im Text*

Dieser Leitfaden nutzt das numerische System. Unabhängig von Form und Formatierung muss ein Quellenverzeichnis dem Leser erlauben, die angegebenen Quellen zielgerichtet zu finden, um damit Ihre Behauptungen nachzuvollziehen. Das oberste Gebot ist Einheitlichkeit durch Anwendung eines dieser Systeme.

▶ Im diesem Kapitel finden sich *alle* zitierten Quellen.

▶ Das Quellenverzeichnis kann untergliedert sein, z. B. nach den

unterschiedlichen Arten von Quellen, etwa in *Fachliteratur, Internetquellen, unternehmensinterne Quellen,* ...
- Nutzen Sie die Hinweise der DIN ISO 690 [75].

Eine Sammlung mit Beispielen findet sich in [156]. Weitere Hinweise zur Arbeit mit Quellen und zum Zitieren gibt Kapitel 3.3. Möchten Sie andere Werke als Ihre Quellen als weiterführende Literatur oder Quellen empfehlen, erstellen Sie hierfür ein so betiteltes Unterkapitel, z. B. direkt im Anschluss an Ihr Quellenverzeichnis.

2.3 Anhänge

Ein Anhang ist ein Kapitel nach dem Kernteil der Arbeit. In Anhänge kann man das und nur das auslagern, was für das Verständnis und die zentrale Argumentation der Arbeit nicht zwingend erforderlich aber hilfreich ist. Das können Dinge sein, die zu detailliert aber zur Vertiefung interessant sind, oder solche, die zum Zweck der Dokumentation erhalten bleiben und den Lesern zugänglich gemacht werden sollen. Anhänge können enthalten:

- Programmlisten
- Rohdaten
- spezielle Auswerteverfahren
- ausgefüllte Fragebögen
- transkribierte Interviews
- lange Berechnungen
- große statistische Tabellen mit Urdaten

und vieles mehr. Anhangkapitel enthalten wie die Hauptkapitel erklärenden Text. Sie bestehen nicht einfach aus einer Sammlung von ausgelagerten Abbildungen oder Tabellen. Beachten Sie insbesondere:

- Jeder Anhang ist im Haupttext genannt.

- Anhänge stehen in der *Reihenfolge des Bezugs im Haupttext*.
- Es gehört nichts in einen Anhang, auf das im *Haupttext kein Bezug* genommen wird.
- Jeder Anhang ist betitelt und gegliedert wie ein Hauptkapitel.
- Jeder Anhang ist im Inhaltsverzeichnis gelistet.

Der einzige Unterschied zwischen einem regulären Kapitel und einem Kapitel im Anhang besteht in der Nummerierung. Die oberste Ebene eines Anhangs ist mit einem lateinischen Großbuchstaben gegliedert anstelle einer Nummer. Die weiteren Ebenen sind numerisch untergliedert.

2.4 Weitere Verzeichnisse

Nach den Anhängen folgen die restlichen Verzeichnisse in der Reihenfolge der Tabelle 2.2.

- Nach Bedarf ergänzen Sie je ein Verzeichnis für *Abbildungen*, verwendete *Symbole, Formelzeichen* und *Tabellen*.
- Ein Verzeichnis der *Abkürzungen* ist *zwingend erforderlich*, denn hier sind die Abkürzungen erklärt, die nicht allgemein bekannt sind.
- Ein Verzeichnis der *Stichworte* ist bei Thesen nicht üblich und kann entfallen. Ist der Aufwand hierfür vertretbar, freuen sich die Leser natürlich darüber.

3 Wissenschaftliches Schreiben

3.1 Erste Empfehlungen

3.1.1 Qualitätskriterien kennen

Eine gute wissenschaftliche Arbeit zeichnet sich nach [6] aus durch

1. Verständlichkeit
2. Bedeutsamkeit (Relevanz)
3. Ehrlichkeit
4. Eigenständigkeit (Originalität)
5. Zuverlässigkeit (Reliabilität)
6. Unabhängigkeit (Objektivität)
7. Logische Argumentation
8. Nachvollziehbarkeit
9. Gültigkeit (Validität)
10. Überprüfbarkeit

Beispiele zu Satzanfängen und Überleitungen finden Sie in [18].

3.1.2 Leserperspektive einnehmen

Betrachten Sie Ihren Text immer aus der Sicht eines interessierten, kritischen Lesers, der von Ihrem Thema noch nichts gehört hat. Ihn müssen Sie mit Ihrer Darlegung fesseln und überzeugen. Setzen Sie mindestens die Qualifizierungsstufe voraus, die Sie mit

© Der/die Autor(en), exklusiv lizenziert an
Springer Fachmedien Wiesbaden GmbH, ein Teil von Springer Nature 2022
F. Lindenlauf, *Wissenschaftliche Arbeiten in den Ingenieur- und
Naturwissenschaften*, https://doi.org/10.1007/978-3-658-36736-7_3

Ihrer Arbeit anstreben. So richtet sich zum Beispiel eine Bachelorthesis an Menschen mit Bachelorgrad oder höheren akademischen Abschlüssen. Denken Sie daran:

► Nicht alles, was Ihnen bei der Erstellung Ihrer Arbeit (noch einmal) klar wurde, ist für Ihre Leser erforderlich.

Fragen Sie sich immer wieder:

► Für wen schreibe ich?

► Was sollte ein qualifizierter Leser bereits wissen?

► Welche fehlende Informationen lässt sich einfach beschaffen?

Beispiel 3.1 – Sie schreiben für qualifizierte Leser

Wenn Sie in Ihrer Arbeit einen *arithmetischen Mittelwert* verwenden, können Sie davon ausgehen, dass ein ausgebildeter Ingenieur weiß, wie man diese Größe berechnet. Auf die Formel dazu können Sie verzichten. In praktisch jedem Lehrbuch zur Statistik, Technik oder Physik, in vielen technischen Regeln und in Wikipedia ist sie zu finden.

3.1.3 Ordnung schaffen

Bevor Sie sich mit guter Sprache und guten Formulierungen befassen, bringen Sie Ihre Inhalte in die richtige Reihenfolge. Hier sind ein paar Tipps:

► Versionieren Sie Ihre Dateien. Bei größeren Änderungen am Inhalt oder der Struktur legen Sie eine neue Version an.

► Arbeiten Sie von Anfang an nur an einer Datei.

► Ergänzen Sie nach und nach Ihre Ideen und Elemente der Arbeit.

Halten Sie sich zunächst an die bewährte Struktur einer Thesis.

► Jede Gliederungsebene enthält – sofern untergliedert – mindestens zwei Elemente auf der nächst niederen Stufe.

► Alle Tabellen, Abbildungen und Formeln sind nummeriert.

► Jede Tabelle oder Abbildung hat eine erläuternde Beschriftung.

► Auf jede Abbildung und Tabelle nehmen Sie mit Art und Nummer im Text Bezug und erklären die Kernaussage.

Legen Sie mit Beginn Ihres Projekts ein *Glossar* an. So prägen Sie sich die Definitionen ein und werden zunehmend sicherer in der Anwendung. *Unstimmigkeiten fallen Ihnen auf* und nicht den Gutachtern.

► Halten Sie zu den Definitionen direkt die zugehörigen Quellen fest. So wächst Ihr Quellenverzeichnis mit Ihrem Text.

Auch zu viel und zu tiefe Untergliederung ist schlecht und braucht Platz.

► Die Einleitung wird üblicherweise nicht weiter untergliedert.

► Nicht jeder wichtige Gedankengang wird ein Gliederungselement.

3.1.4 Nachvollziehbarkeit herstellen

Eine wissenschaftliche Arbeit ist wie ein *Kochrezept*. Der Leser muss jede Argumentation und jedes Ergebnis anhand der gegebenen Zahlen, Daten und Fakten (ZDF) einfach nachvollziehen (*nachkochen*) können.

► Begründen Sie alle Ihre Aussagen mit belegten Fakten, Quellen und einer schlüssigen Argumentation oder Herleitung.

► Zitieren Sie *immer Primärquellen*. Nur wenn diese nicht zugänglich sind, nutzen Sie *Sekundär- oder Tertiärquellen*.

3.1.5 Grundregeln der Gestaltung beachten

Viele Menschen schreiben täglich Texte unterschiedlicher Art, die alle ihren eigenen Stil und ihre eigene Gestaltung erfordern. Damit nicht jeder sich immer wieder eigene Gedanken über deren Gestaltung machen muss, ist vieles dazu in *Regelwerken* fixiert. Die für unseren Zweck wichtigsten listet Tabelle 2.2. Diese Regelwerke

Nummer	Titel
DIN 406-10	Technische Zeichnungen. Maßeintragung [36]
DIN 461	Graphische Darstellung in Koordinatensystemen [37]
DIN 5008	Schreib- und Gestaltungsregeln für die Text- und Informationsverarbeitung [53]
DIN 1421	Gliederung und Benummerung in Texten [45]
DIN 1338	Formelschreibweise und Formelsatz [44]
DIN 1333	Zahlenangaben [43]
DIN 1422	Veröffentlichungen aus Wissenschaft, Technik, Wirtschaft und Verwaltung [46]
DIN 1450	Schriften [50]
ISO 80000-1	Größen und Einheiten – Teil 1: Allgemeines [73]

Tabelle 3.1: Eine Auswahl an Primärquellen zur Gestaltung technischer und wissenschaftlicher Texte

müssen Sie kaufen. Viele Universitäten und Hochschulen bieten jedoch für ihre Mitglieder einen kostenfreien Zugang zu den meisten vom Deutschen Institut für Normung (DIN) und dem Verein Deutscher Ingenieure (VDI) betreuten Normen und Richtlinien über die Datenbank Perinorm [13]. Perinorm wird gerade schrittweise von seinem Nachfolgesystem Nautos [12] abgelöst.

► Erkundigen Sie sich bei Ihrer Hochschulbibliothek über den Zugang zur Datenbank Perinorm.

Zur Gestaltung orientieren Sie sich an DIN 5008 [53][1]. Weitere Tipps sind:

► Rechtschreibung, Zeichensetzung und Grammatik folgt den aktuellen Regeln. Stolpersteine überwinden hilft BERGER [10].

► Jedes Hauptkapitel beginnt auf einer ungeraden Seite.

Formelzeichen und die Angabe von Werten sind immer eine Herausforderung:

► Formelzeichen und Einheiten setzen Sie nach DIN 1338 [44].

► Einheiten stehen gerade gesetzt hinter dem Zahlenwert mit Leerzeichen dazwischen.

► Der Dezimaltrenner ist das Komma [53, 73].

► Zahlen mit mehr als vier Stellen sind in dreistellige Gruppen gegliedert, jeweils unabhängig links und rechts vom Komma [53].

► Tausendertrenner gibt es nur bei Währungsangaben [53].

Grafische Darstellungen brauchen besondere Aufmerksamkeit:

► Technische Diagramme gestalten Sie nach DIN 461 [37].

► TUFTE [200] und ZELASNY [225, 226] zeigen viele Möglichkeiten.

Beispiel 3.2 – Formelzeichen, Zahlen, Einheiten

► $F = m \cdot a = 5000 \, \text{kg} \cdot 12{,}7 \, \text{m s}^{-2} = 63{,}5 \, \text{kN}$.

► Die Lichtgeschwindigkeit ist festgelegt auf $c = 299\,792\,458 \, \text{m s}^{-1}$.

► Die atomare Masseneinheit ist
$u = 1{,}660\,539\,066\,60(50) \cdot 10^{-27} \, \text{kg}$.

► Mit 5,5 % Rabatt kostete das Auto noch 36.428,51 €.

► 12,5 km, nicht 12,5km und 56,3 %, nicht 56,3%

---

[1]Die Norm gibt es in Auszügen als App.

3.2 Sprache

3.2.1 Prägnant formulieren

Ein wissenschaftlicher Text unterscheidet sich in seiner Sprache wesentlich von einem belletristischen Werk. Alle guten wissenschaftliche Texte sind knapp und prägnant formuliert [107, 171]. Sie zeichnen sich aus durch

► kurze, wenig verschachtelte und im Aktiv formulierte Sätze,

► fehlende Floskeln und Wiederholungen,

► richtig verwendete Fachbegriffe,

► richtig verwendete Zeitformen.

Prüfen Sie, ob Adjektive und Adverbien notwendig sind. Ein Eigenschaftswort ist überflüssig, wenn sein Gegenteil eine unsinnige oder falsche Aussage ergibt. Das *Prinzip*

► Ein Gedanke – ein Satz

zeigen Nachrichtentexte oft in Vollendung. Eine Auswahl an Satzanfängen und Überleitungen finden Sie bei Borg [18]. Seine beispielhaften Formulierungen sind angepasst an die verschiedenen Teile einer wissenschaftlichen Arbeit.

Beispiel 3.3 – Unnötige Formulierungen

Überflüssige Adjektive Oft finden sich Sätze wie dieser: *In diesem Kapitel werden die relevanten Begriffe definiert.* – Das ist selbstverständlich. Irrelevante Begriffe (das Gegenteil) zu erklären, wäre keine Option. Konkreter wäre besser. Schränken Sie den Umfang z. B. mit *»die zehn wichtigsten Begriffe«* ein. Dann weiß der Leser, was ihn erwartet.

Unnötige Floskeln Auch das ist selbstverständlich: *Durch die folgenden Erklärungen wird es dem Leser erleichtert, die Arbeit besser zu verstehen und wichtige Zusammenhänge zu erkennen.* Wären hier die Wörter *besser* und *wichtige* notwendig?

Unnötige Konkretisierung Eine *Analyse* ist immer eine *Ist-Analyse.* – Lassen Sie das *Ist* weg. Geht es um einen Soll-Ist-Vergleich? Dann sagen Sie das.

3.2.2 Abkürzungen, Anglizismen, Gendern

Kommunikation soll schnell und direkt sein. Werbesprüche, Befehle, Umgangssprache und Dialekte nutzen oft Verkürzungen [169]: Aus *Auszubildender* wird *Azubi*, aus *Sebastian* wird *Basti*.

Auch die Sprache in Unternehmen ist nicht anders. So macht nicht die *Vorstandsvorsitzende* einen Betriebsrundgang, sondern die *Chefin*; wir gehen nicht *zu den Kollegen der Qualitätssicherung*, sondern *in die »Ku-Es«* (QS). Weil sie viel schneller gesprochen und geschrieben sind als ihre Langformen, kennen wir von Vereinen, Instituten, Unternehmen oder Verbänden oft nur (noch) die Kürzel: DEL, DFB, DGB, DRK, GfK, IHK, SAP, VDI, ...

Abkürzungen machen die Sprache schneller. *Aber*: Jede Abkürzung muss der Leser im Kopf durch die Langform ersetzen. Das wiederum macht das Denken und Erfassen langsamer. Sind Abkürzungen für die Empfänger gänzlich neu, bremsen sie noch mehr. Firmen nutzen oft für Abteilungen, Abläufe, Standorte usw. ganz eigene Abkürzungen, die dann Eingang in Abschlussarbeiten finden. Versetzen Sie sich in die Lage eines Lesers, der diese nicht nur verstehen, sondern auch behalten muss. Bedenken Sie als erstes:

▶ Kommt eine Abkürzung seltener als fünfmal in der Arbeit vor, behindert sie das Lesen.

Erst ab dem dritten oder vierten Mal festigt sich ihre Bedeutung beim Leser, und er kann flüssiger lesen. Überlegen Sie deshalb:

▶ Ist die Abkürzung allgemein oder im Fachgebiet üblich?

▶ Wie oft wird sie im weiteren Text noch vorkommen?

Wenn Sie eine Abkürzung brauchen, dann beachten Sie folgendes:

▶ Erst die *Langform* nennen, dann die *Abkürzung* (Abk.) in Klammern dahinter einführen.

▶ Jede Abkürzung steht im Abkürzungsverzeichnis.

▶ Im Abkürzungsverzeichnis stehen keine Abkürzungen, die nicht im Text eingeführt wurden.

▶ Im Duden zu findende Abkürzungen, Einheitenzeichen, etwa Ω für Ohm, und SI-Vorsätze, wie M für Mega, brauchen Sie nicht einzuführen. Sie gehören deshalb auch nicht ins Verzeichnis der Abkürzungen.

Denken Sie daran:

▶ Mehr als drei neue Abkürzungen – auch wenn sie formal richtig eingeführt sind – kann sich ein Leser nur schwer merken.

▶ Fachspezifisch geläufige Abkürzungen können es mehr sein.

▶ Ein mit Abkürzungen übersäter Text bremst den Lesefluss.

Anglizismen sind in vielen Fachgebieten und auch bei international arbeitenden Unternehmen weit verbreitet. Für die meisten dieser Begriffe gibt es deutsche Entsprechungen. Die Informatik ausgenommen, müssen Sie nur selten englische Fachausdrücke verwenden. Die Verständlichkeit Ihres Textes leidet unter häufigen Sprachwechseln. Schreiben Sie also Ihre Arbeit in Deutsch – es sei denn, Englisch (oder eine andere Sprache) ist gefordert. Dann gilt dasselbe nur eben bezogen auf diese Grundsprache. Beherzigen Sie:

► Jeder Sprachwechsel bremst den Lesefluss.

► Verwenden Sie deutsche Fachbegriffe, wann immer es geht.

► Nutzen Sie englische Begriffe nur dann, wenn sie keine deutschen Entsprechungen haben oder im Fachgebiet fest verankert sind.

Ist ein *englischer Fachbegriff* oder ein *substantivischer Anglizismus*, z. B. Gesundheitsmanagement, erforderlich, deklinieren Sie ihn nach deutscher Grammatik. Hierfür müssen Sie sein *grammatisches Geschlecht* (Genus) ermitteln. Oft wird das Genus des übersetzten deutschen Worts oder der eines etymologisch verwandten Begriffs genommen. So heißt es etwa *der* Port (*der* Anschluss) für den so genannten Teil einer Netzwerk-Adresse oder *die* E-Mail (*die* elektronische Post). Es gibt jedoch viele Ausnahmen. Beispiele und Hilfestellung finden Sie in [106].

Gendern Kaum ein sprachliches Thema erhitzt derzeit (2022) die Gemüter mehr als die sogenannte *geschlechtergerechte Sprache*, kurz: das *Gendern* [34, 216].[2] Anleitungen zum richtigen Gendern gibt es viele; beispielhaft sei verwiesen auf [34]. Den aktuellen Stand der Diskussion kann man bei Wikipedia verfolgen [215, 216].

Wenn Sie sich jetzt fragen, wie Sie Ihren Text geschlechtergerecht verfassen, dann ist die einfache Antwort, solange es keine besseren als die bisherigen Lösungsansätze[3] gibt:

► Verwenden Sie keine gegenderten Ausdrücke.

Die ausführliche Begründung hierfür braucht u. a. Grundlagen zur Grammatik der deutschen Sprache [169, 212, 215]. Sie würde den Rahmen dieses Textes sprengen. Fundiert erklären diesen Weg Payr [169] und Kubelik [141]. Für unsere Zwecke sind die wichtigsten

---

[2]So viel vorweg: Ich bin uneingeschränkt für die Gleichstellung und Gleichbehandlung aller Menschen in allen Belangen.

[3]Nennung beider Geschlechter oder Unsichtbarmachung der Geschlechter

Argumente [92, 93, 169]:

► Grammatisches (Genus) und biologisches Geschlecht (Sexus) sind entkoppelt und nur in manchen Fällen gleich.

► Gendern erschwert die Verständlichkeit von Texten.

► Konsequentes Gendern ist unmöglich.[4]

► Generisch maskuline Formen schließen ein, movierte[5] Feminina nicht.

► Manche generisch maskulinen Wörter gelten für Menschen und für Sachen.

► Partizipien drücken Handlungen aus, keine Eigenschaften.[6]

► Wiederkehrende Doppelnennung ist ermüdend und belehrend.

► Durch Neutralisierung verschwindet der Mensch aus der Sprache.

► Wörter mit Genderstern sind grammatisch meistens nicht richtig einsetzbar.[7]

Die Prämisse, Frauen seien beim generischen Maskulinum nur mit-gemeint, ist sprachwissenschaftlich nicht begründbar [169]. So ist die Gleichsetzung des generischen Maskulinums mit dem biologi-schen Mann eine doppelte Fehlinterpretation: Weder Männer *noch*

---

[4]Wie gendern Sie das Wort Bürgermeisterkandidat?

[5]Aus generischen Maskulina abgeleitete Feminina

[6]Es kann »stehende Schwimmer« geben aber keine »stehende Schwimmende«.

[7]Konsequenterweise bräuchte es an vielen Stellen mehr Sterne. Denn nur so ist in dem Satz »*Alle meine direkten Kolleg*inn*en sind jünger als ich.*« der Einschub erkennbar. Aber auch dieses Konstrukt wäre nur dann richtig, wenn es mehr als eine Kollegin und mehr als einen Kollegen gibt. Sind es eine Kollegin und zwei Kollegen, ist die Rechtschreibung der Kollegin und der Plural »(Alle) meine direkte(n) Kollegin(nen) sind jünger ...« falsch. Auch das Wort *alle* am Anfang des Satzes ist bei einer Kollegin sinnlos. Sind es zwei Kolleginnen und ein Kollege, ist es umgekehrt falsch. Mit der denkbaren Kritik, es sei doch allen Lesern klar, was gemeint sei, wird das Einfordern zur Anwendung jeglicher Regel unterlaufen. Insbesondere ist aber genau das gerade die Kritik, mit der Gendern begründet wird.

Frauen sind gemeint [92]. Auch bei Tieren, wie *der Hase, die Maus, das Pferd*, bezeichnet ein Begriff stets beide Geschlechter, wenn nichts Näheres mitgeteilt wird.[8] Die aus der generischen (geschlechtsneutralen) Form abgeleitete (movierte) weibliche Form bezeichnet immer eine Frau. Ein generisches Femininum gibt es im Deutschen nicht [169]. Bessere Gleichstellung durch die gegenderte Sprache ist (bisher) nicht nachgewiesen [169, 215].

Gendern reduziert Menschen auf ihr Geschlecht und betont die Geschlechterunterschiede – genau entgegengesetzt zu dem, was es erklärtermaßen erreichen will. Es lenkt die Aufmerksamkeit weg von der Kernaussage eines Satzes auf die Unterschiede von Männern und Frauen – auch und gerade dort, wo es auf diese nicht ankommt. Konsequentes Gendern müsste in allen Textsorten angewendet werden und alle generischen Maskulina (auch in allen älteren Texten) ersetzen. Ein solch gewaltiger Umbau unserer Sprache ist nicht durchführbar.

Gendern führt zu einem höheren Aufwand beim Erstellen, Sprechen und Verstehen von Texten. Es steht einer einfachen, fokussierten Sprache diametral gegenüber. Wir haben im Deutschen einschließende Formulierungen: Das sind die generischen Ausgangsformen, etwa *der Gast, die Geisel, das Genie*. Wörter wie *Anhänger, Träger, Verteiler, Gesetzgeber* zeigen, dass das Suffix *-er* nicht allein auf Männer bezogen ist [93, 169]. Dieses Suffix ist keine Eigenschaft allein des Deutschen, auch das Englische nutzt dieses Konstrukt: »to teach« wird zu »the teacher« und gilt für alle Menschen, die andere unterrichten. Kommt es auf das Geschlecht an, brauchen generische Formen einen klärenden Kontext oder ein bezeichnendes Adjektiv (männlich/weiblich) [92, 93, 169].

Gendern ist keine natürliche Sprachentwicklung. Es ist eine Äu-

---

[8]Der Satz *»Die Katze unserer Nachbarn kommt uns manchmal besuchen«* lässt keinen Rückschluss auf ihr Geschlecht zu.

ßerung des eigenen ideologischen und politischen Standpunkts [8, 199]. Hierfür gilt aber:

► Politische, ideologische und religiöse Bekundungen gehören nicht in einen wissenschaftlichen Text.[9]

3.2.3 Fachbegriffe klären

Leser wissenschaftlicher Texte schalten in einen *anderen Betriebsmodus*: Sie denken Begriffe in fachspezifisch festgelegten Bedeutungen. So liest ein Physiker den Begriff *Feld* anders als ein Landwirt, Schachspieler, Informatiker, Formulargestalter, Soldat oder Brückenbauer. Vor allem in der Präzisierung unterscheiden sich Fachtexte von den meisten anderen Texten. In einem Fachtext gilt:

► *Jeder Begriff* ist ein *Fachbegriff.*

► *Fachbegriffe* besitzen immer eine *festgelegte Bedeutung.*

► Die *Bedeutung dieser Fachbegriffe* ist zu *(er)klären.*

Hierzu verweisen Sie auf die Quelle(n) der Definition, die Sie benutzen. Zitieren Sie diese so genau, dass keine Missverständnisse entstehen.

► Für eine erste Recherche ist das Internet gut. »Hangeln« Sie sich mit den gefundenen Quellen weiter vor und bewerten Sie deren wissenschaftliche Belastbarkeit.

► Finden Sie zu einem Fachbegriff keine allgemein übliche, akzeptierte oder sogar mehrere Definitionen, müssen Sie die vorhandenen Erklärungen zu einer eigenen Definition zusammenführen. Diese verwenden Sie dann durchgehend in Ihrer Arbeit.

► Wenn Sie einen eigenen Fachbegriff vollständig neu einführen, formulieren Sie dessen Definition auf jeden Fall.

---

[9]Sofern sie nicht Gegenstand der Arbeit sind.

Im Gegensatz zu einem fiktionalen Text können Sie in einem Sachtext für die notwendigen *Fachbegriffe* selten *alternative Begriffe* (Synonyme) verwenden, weil deren Bedeutungen meistens nicht deckungsgleich mit denen der Fachbegriffe sind.

► Der wissenschaftliche Leser stockt unweigerlich beim Wechsel von Begriffen.

► Er versucht, die unterschiedlichen Bedeutungen zu erfassen und in den Zusammenhang der Argumentation zu bringen.

Es ist *kein schlechter Stil* einer wissenschaftlichen Abhandlung, wenn dieselben Fachbegriffe immer wieder verwendet werden. Im Gegenteil: das ist gut und richtig. Es ist das Ziel, präzise zu formulieren und nicht besonders blumig. Wie das folgende Beispiel 3.4 zeigt, bergen gerade ähnlich klingende Begriffe die Gefahr, dass sie völlig unterschiedliche Sachverhalte ausdrücken.

Beispiel 3.4 – Unterschiedliche Bedeutung ähnlicher Begriffe

Die Begriffe *Herstellkosten* und *Herstellungskosten* dürfen nicht synonym verwendet werden, obwohl sie ähnlich klingen und dasselbe ausdrücken könnten. Sie haben jedoch andere Bedeutungen: *Herstellkosten* sind ein Begriff der *Kosten- und Leistungsrechnung*. Sie umfassen die *Materialkosten* und die *Fertigungskosten* [154, 195]. *Herstellungskosten* haben nach § 255 HGB bilanz- und steuerrechtliche Bedeutung und setzen sich anders zusammen [9].

3.2.4 Auf Personen Bezug nehmen

Für Menschen, auf die Sie in Protokollen oder der Dokumentation Ihres Vorgehens Bezug nehmen, verwenden Sie neutrale Bezeichnungen, wie »Person«, oder Bezeichnungen für Berufe, Stellen, Aufgaben usw. Wenn Sie mehrere Personen mit derselben Funktion unterscheiden müssen, nummerieren Sie diese. Gibt es als einzige Person nur Sie selbst, sprechen Sie von der »Autorin« oder vom »Verfasser«. Sofern erforderlich und mit dem Datenschutz vereinbar, ordnen Sie in einer kleinen Tabelle im Anhang die richtigen Namen der Menschen ihren symbolischen zu.

Es heißt dann: Person 1, Person 2 ..., Maschinenbediener, Messtechniker, Monteur, Student 1 bis Student 4, Kunde A, Kunde B und Kunde C oder Patient A und Patient B.

Autoren. Wollen Sie im Text den Namen eines Autors nennen, reicht der Nachname. Sofern für die eindeutige Identifizierung nicht notwendig, schreiben Sie

► keine Vornamen
► keine akademischen Titel
► keine Berufsbezeichnungen

Bei einem wörtlichen Zitat müssen Sie den Autor nennen.

Politiker, Würdenträger, Künstler, Sportler. Bei *Politikern*, *Würdenträgern* oder ähnlichen Personen stellen Sie bei der ersten Nennung die Amtsbezeichnung vor den Namen.

Künstler sind häufig mit ihrem Künstlernamen bekannt. Sie wissen also nicht, ob ein eventuell weggelassener Vorname Teil des Künstlernamens ist. Bei diesem Personenkreis, ebenso wie bei *Sportlern*, geben Sie bei der ersten Verwendung den Vornamen mit an.

Um Eigennamen leicht erkennbar zu machen, können Sie diese mittels Kapitälchen hervorheben.

Beispiel 3.5 – Namen von Personen

Nachnamen sind mit KAPITÄLCHEN hervorgehoben. Vornamen und Titel sind nicht nötig.

»EINSTEIN postulierte 1917 das Prinzip der induzierten Emission elektromagnetischer Strahlung. 1954 – nach 37 Jahren – konnte es TOWNES im Mikrowellenbereich mit dem Ammoniak-MASER experimentell nachweisen. Erst 1960 – weitere 16 Jahre später – verifizierte MAIMAN die induzierte Emission mit dem ersten Rubin-LASER für optische Strahlung.«

Bei Politikern steht die Amtsbezeichnung davor:

»Bundeskanzler OLAF SCHOLZ ist seit 8. Dezember 2021 im Amt.«

Bei diesen Beispielen wurden die (sonst notwendigen) Quellenangaben weggelassen.

3.2.5 Häufig anzutreffende, (nicht) synonyme Begriffe

Wahrer Wert – Richtiger Wert

An einigen Stellen in der Literatur, insbesondere zur Messunsicherheit, z. B. in [19, 39, 76, 87, 135], kommt der Begriff *wahrer Wert* vor. Zwar weisen die Autoren darauf hin, dass dieser Wert grundsätzlich unbekannt ist, trotzdem wird er konzeptionell verwendet[10]. Denken Sie daran:

► Ein Wert, der nicht bekannt sein kann, ist nicht nutzbar.

Die beste verfügbare Annäherung an einen wahren Wert ist der für solche Vergleichszwecke vereinbarte *richtige Wert* [135]. Richtige

---

[10]So heißt es in DIN ISO 22514-7 zum Begriff *Bezugswert*: »Ein Bezugswert kann ein wahrer Wert einer Messgröße sein, dann ist er unbekannt, oder ein vereinbarter Wert, dann ist er bekannt.« Wie der Bezug zu diesem unbekannten Wert hergestellt werden soll, wird nicht verraten.

Werte werden durch Normale realisiert.

► Vermeiden Sie den Begriff *wahrer Wert*.

In den meisten Fällen können Sie ihn direkt ersetzen durch den Begriff *richtiger Wert*. Moderne Lehrbücher kommen ohne den Begriff *wahrer Wert* aus [14, 26, 33, 102, 184]. Der Leitfaden zur Angabe der Unsicherheit beim Messen verzichtet aktiv darauf [89].

Prüfung – Messung – Test

Eine Messung ist die einmalige Durchführung eines Messprozesses. Sie liefert ein Messergebnis. Eine Prüfung bewertet die Einhaltung einer Spezifikation. Sie liefert ein Prüfergebnis und den Prüfentscheid: Annahme oder Rückweisung.

► *Messung* und *Prüfung* sind nicht dasselbe.

Eine Prüfung bezieht sich auf ein Merkmal, ein Test auf die Eignung für einen bestimmten Zweck [68].

► Die Begriffe *Prüfung* und *Test* sind zu unterscheiden.

Messtoleranz – Messfehler – Messunsicherheit

Aus der Abb. 5.3 entnehmen Sie, dass der Begriff Toleranz zur Spezifikation gehört und Teil der Festlegung eines kontinuierlichen Merkmals ist. Er gehört deshalb nicht zum Messergebnis.

► Eine *Messtoleranz* gibt es nicht.

Die Messunsicherheit quantifiziert die Streuung der Messwerte.

Statistisch bedingte Schwankungen von Messwerten werden leider oft als *Messfehler* bezeichnet. Ein (echter) Messfehler liegt dann vor, wenn ein Messgerät defekt ist, falsch eingestellt war oder etwa systematische Abweichungen nicht korrigiert wurden.

Problem – Fehler

Wenn Menschen etwas tun oder Produkte im Einsatz sind, geht auch mal etwas schief. Es zeigt sich ein Problem. Nicht jedes Problem ist die Folge eines Fehlers. An Produkten entstehen Probleme häufig durch Verschleiß, Alterung oder auch Streuung wichtiger Einflussgrößen. Alles das kann passieren, ohne dass an irgendeiner Stelle etwas falsch gemacht wurde. Das schließt natürlich nicht aus, dass ein technischer Fehler vorliegt oder unbewusst ein Fehler begangen wurden.

► Verwenden Sie den Begriff Fehler vorsichtig und sparsam

Das soll Sie aber nicht abhalten, Fehler auch als solche zu benennen. Nur müssen Sie sich darüber vorher sehr sicher sein und andere Möglichkeiten ausgeschlossen haben.

Ursache – Verursacher

Dasselbe gilt sinngemäß auch für die Zuordnung eines Problems zu seinem Verursacher. Meistens liegen die Ursachen an ganz anderen Stellen, als dort, wo das Problem sich zeigt. Die Betonung liegt hier ausdrücklich auf *den* Ursach*en*. Denn ganz selten hat ein Problem nur eine Ursache.

► Trennen Sie bewusst Ursache und Verursacher

Dies ist besonders hilfreich, wenn Sie z. B. in einem Unternehmen Verbesserungen einführen wollen. Vorher müssen Sie die Ursachen der Probleme ermitteln. Je sachlicher Sie bleiben, desto größer sind Ihre Erfolgsaussichten.

3.3 Zitieren

3.3.1 Umgang mit fremdem Material

Nur wenige Elemente wissenschaftlichen Arbeitens sind so häufig – und gleichermaßen abhängig vom Fachgebiet des jeweiligen Autors – beschrieben wie das Zitieren und das Erstellen des Quellenverzeichnisses. Kaum ein Autor beruft sich dabei auf die in Deutschland bis 2013 gültigen Originalquellen für Zitierregeln [51] und LiteraturverzeichnisseindexQuellenverzeichnisindexQuellen!Verzeichnis [52] oder die seit 2013 geltende internationale Empfehlungen der DIN ISO 690 [75].

Übernommene Inhalte kennzeichnen Auch übernommene oder modifizierte Fotos, Abbildungen, Diagramme und Tabellen zählen dazu. Halten Sie die einmal gewählte *Zitierweise* einheitlich bei. Das geht leicht mithilfe von Software. Denken Sie daran:

► Jedes fremde geistige Eigentum ist als Zitat zu kennzeichnen.

► Zitieren Sie nach einem Verfahren der DIN ISO 690.

Eigene Inhalte nicht kennzeichnen Alles, was *nicht gekennzeichnet* ist, wird als *Ergebnis der eigenen Arbeit* verstanden. Angaben der Art »*Quelle: Eigene Darstellung*«, insbesondere bei Abbildungen und Tabellen, können (besser: müssen) entfallen. Denn mit dieser Logik müsste auch jeder eigene Satz als *Nichtzitat* markiert sein. Das ergibt keinen Sinn, erschwert das Lesen und vergrößert den Umfang der Arbeit unnötig. Haben Sie eine eigene Abbildung oder Tabelle auf Basis der Vorlage eines anderen Urhebers erstellt, ergänzen Sie einfach in der Bildunterschrift Ihrer Abbildung »*nach* ...« und geben die entsprechende Quelle an.

Urheberrecht beachten Das unerlaubte Einkopieren fremder Fotos, Skizzen Zeichnungen, Abbildungen und Tabellen (auch ausschnittsweise) in die eigene Arbeit ist urheberrechtlich verboten [94, 177]. Auch bei Wiedergabe eigener Fotos fremder Werke, etwa von Gemälden, brauchen Sie u. U. die Erlaubnis dafür. Klären Sie die Rechtslage frühzeitig, bevor es zu juristischen Streitigkeiten kommt. Dann können Sie noch Alternativen finden. Wenn Sie fremdes (Bild-) Material in der Originaldarstellung oder Ausschnitte davon verwenden müssen, brauchen Sie dafür die *Erlaubnis des jeweiligen Rechteinhabers*. Stellen Sie diese Erlaubnis deutlich erkennbar dar, etwa mit dem Hinweis *»Wiedergabe mit freundlicher Genehmigung von ...«* und setzen hier den Rechteinhaber ein.

Die meisten neueren, als Download verfügbaren Werke, wie E-Books oder Fachartikel, sind mit einer digitalen Kennung, dem *Digital Object Identifier* (DOI) markiert. Hierdurch sind sie dem Rechteinhaber zuzuordnen.

3.3.2 Technische Dokumente

Bei Ausarbeitungen zu technischen und naturwissenschaftlichen Themen sind häufig Informationsquellen zu nutzen, die in anderen Fachgebieten keine oder nur eine untergeordnete Rolle spielen: Technische Regeln, Patente, Zeichnungen, Schaltpläne und ähnliche Dokumente.

Technische Regeln sind Dokumente, die Produkte, technische Verfahren, Symbole usw. standardisieren. Andere Namen dafür sind *Norm, Richtlinie, Standard.* Sie werden von *Standardisierungsorganisationen* herausgegeben und sind oft die einzigen belastbaren Quellen und damit *Primärquellen*. Wichtige Akteure[11] sind: ANSI, BIPM, CEN[12], CENELEC, DIN, IEC, ISO, VDA, VDE, VDI. Wenn Sie auf Standards Bezug nehmen, gehören sie ins Quellenverzeichnis. Die Norm DIN ISO 690 zeigt jedoch nicht, wie deren Vollzitate sein sollen [75]. Wir halten uns deshalb daran, wie Standards andere Standards als Quellen ausweisen.

Das *Vollzitat einer Technischen Regel* ist:

► **Nummer:Ausgabejahr. Titel – Untertitel**

Die Kurzzeichen der Standards aller beteiligten Organisationen sowie der Teil[13] eines mehrteiligen Regelwerks sind Bestandteil der Nummer[14].

Beispiel 3.6 – Normen im Quellenverzeichnis

dieses Leitfadens sind u. a. [68, 73, 203]:

► DIN EN ISO 9000:2015. Qualitätsmanagementsysteme – Grundlagen und Begriffe

► DIN EN ISO 80000-1:2013 Größen und Einheiten – Teil 1: Allgemeines

► VDI/VDE 2627-1:2015. Messräume – Klassifizierung und Kenngrößen – Planung und Ausführung

Technische Zeichnungen, Schaltpläne und verwandte Dokumente wie z. B. Stücklisten, Arbeits- und Prüfanweisungen, Bedienungs- und Wartungsanleitungen oder Produkthandbücher, die Sie als

---

[11] Aus Platzgründen sind die Langformen nur im Abkürzungsverzeichnis (S. 165) aufgeführt.

[12] Das Comité Européen de Normalisation (CEN) verantwortet europäische Normen (EN).

[13] Bei VDI-Richtlinien » *das Blatt* «

[14] Alternativ findet man auch den Punkt als Trenner der Titelebenen.

Referenzen verwenden, sind relevante Quellen. Sie müssen sie ins Quellenverzeichnis aufnehmen.

Patente und Gesetze sind ebenfalls als relevante Quellen und gehören ins Quellenverzeichnis, sofern Sie darauf Bezug nehmen.

3.3.3 Internetquellen und betriebsinterne Quellen

Es gibt kaum mehr Missverständnisse als zum Umgang mit Internetquellen. Weit verbreitet unter Studierenden ist die Vorstellung »*Internetquellen darf man nicht zitieren*«. Grundsätzlich gilt: Jede fremde Aussage, die Sie verwenden, müssen Sie belegen und zwar mit der Stelle (Quelle), an der Sie diese Aussage gefunden haben. Wie bei allen direkten oder indirekten Zitaten müssen Sie die Frage der Belastbarkeit der Quelle bewerten.

Trainieren Sie zu unterscheiden zwischen wissenschaftlichen und anderen Informationen. So ist etwa die Werbung eines Unternehmens zunächst keine wissenschaftliche Information. Sobald Sie diese jedoch etwa für eine wissenschaftliche Studie verwenden, müssen Sie damit genauso sorgfältig umgehen, wie mit jeder wissenschaftlichen Quelle. Nutzen Sie dabei folgende Überlegungen:

► Findet sich die zitierte Aussage nur an dieser Stelle im Internet?

► Gibt es wissenschaftliche Quellen mit derselben Aussage?

Zur ersten Kategorie gehören z. B. Informationen zu Unternehmen, Produkten, Behörden, Nichtregierungsorganisationen usw., die nur auf einer Internetseite veröffentlicht sind. Überprüfen Sie aber immer, ob es eventuell gedruckte Dokumente, wie Kataloge, Jahresberichte usw. mit denselben Informationen gibt. Diese sind häufig langlebiger als Internetseiten.

Fällt die Information in die zweite Kategorie, können Sie meistens auf die ursprüngliche Internetquelle verzichten und Ihre Argumentation mit den höherwertigen Quellen unterfüttern. Nutzen Sie das Internet zur Recherche und als »Spürhund« für die belastbaren Quellen. Der *Science Citation Index Expanded* (SCI) ist Datenbank und Wegweiser zu über 8500 anerkannten wissenschaftlichen Zeitschriften (Journalen) aus 150 Disziplinen – und ein Beispiel für eine nur über das Internet zugängliche Informationsquelle [28].

Betriebsinterne Quellen sind relevante Quellen, wenn Sie Bezug darauf nehmen. Dann sind sie – genauso wie die allgemein zugänglichen Quellen – zu zitieren und im Quellenverzeichnis aufzuführen. Einige Beispiele betriebsinterner Quellen sind:

▶ Präsentationen, E-Mails, Arbeitsanweisungen, Anordnungen

▶ Protokolle zu Besprechungen und Informationsveranstaltungen

▶ Organisationspläne (Organigramme), Prozesslandkarten

▶ Technische Zeichnungen, elektrische Schaltpläne, Arbeitspläne

▶ Projekt- und Terminpläne

▶ Technische und betriebswirtschaftliche Daten

▶ Software, Datenbanken, ERP-Systeme

Bei Quellen von kurzer Lebensdauer oder solchen, die einen aktuellen Zustand zeigen, archivieren Sie sich eine Kopie des Dokuments. Bei der Anzeige eines Programms oder ERP-Systems kann das auch ein Bildschirmfoto sein. Wichtig ist stets, dass Sie Ihre Aussagen und verwendeten Daten belegen können.

3.3.4 Zitationsstufe und Belastbarkeit von Quellen

Sie müssen alle Quellen angeben, auf die Sie Ihre Argumentation stützen. Aber nicht alle diese Quellen sind gleichwertig. Die *Belastbarkeit einer Quelle* bezeichnet ihre Zuverlässigkeit und Vertrauenswürdigkeit. Ein Satz, den Sie im Bus von einem anderen Fahrgast hören, ist natürlich weniger belastbar, als wenn derselbe Satz in einer wissenschaftlichen Fachzeitschrift steht. Auch jede Wiedergabe einer Aussage durch andere Autoren mindert ihre Belastbarkeit.

Die Zitationsstufe einer Quelle gibt an, an welcher Stelle eine zitierte Quelle, ausgehend von der ursprünglichen Quelle, steht.

Primärquelle ist eine Quelle dann, wenn sie eine Information enthält, die nicht durch andere Quellen belegt werden kann. Für eine wissenschaftliche Arbeit gilt die Regel:

► Ist eine Primärquelle verfügbar, muss sie als Beleg verwendet werden.

Historische Dokumente sind meistens nicht ausleihbar. Davon gibt es jedoch oft Faksimiles als vollwertigen Ersatz für die Originalquelle. Verfügbarkeit bedeutet, die Quelle *ist über die Bibliothek Ihrer Hochschule zu beschaffen*. Der mögliche oder nicht mögliche *Download aus dem Internet* ist kein Maß für die Verfügbarkeit ihrer Quellen.

Sekundärquellen sind alle Quellen, die sich direkt auf eine Primärquelle beziehen.

Tertiärquellen beziehen sich wiederum auf Sekundärquellen.

Beispiel 3.7 – Zitationsstufe ermitteln

Müller beschreibt einen Sachverhalt zum ersten Mal (Primärquelle). Mayer (Sekundärquelle) zitiert nun Müller. Schulze (Tertiärquelle) wiederum zitiert Mayer mit dessen Aussage zu Müllers Ausführungen.

Wenn Sie nun Schulze zur ursprünglich von Müller dargelegten Sache zitieren, nutzen Sie eine *Tertiärquelle*.

Die Belastbarkeit einer Quelle richtig einzuschätzen, ist eine der schwierigsten Aufgaben für Anfänger im wissenschaftlichen Schreiben. Mit dem folgenden Verfahren können Sie Werte für die Belastbarkeit R Ihrer Quellen berechnen.

Tabelle 3.2 zeigt zehn Parameter R_i. Gibt man diesen je einen Wert zwischen 0 und 10, lässt sich daraus die Belastbarkeit

$$R = \left(\prod_{i=1}^{10} R_i \right)^{\frac{1}{10}} \tag{3.1}$$

als geometrischer Mittelwert berechnen. R hat ebenfalls Werte zwischen 0 und 10. Beachten Sie die Eigenschaft des geometrischen Mittelwerts: Sobald ein Wert R_i Null ist, ist der Mittelwert R ebenfalls Null. Er verhält sich wie ein logisches Und (AND).

Variable R_i	Parameter	Bedeutung
Z	Citation level	Zitationsstufe
C	Creator	Urheber
D	Date	Datum/Aktualität
L	Literature/Sources	Quellen
J	Journal/Publication	Zeitschrift
P	Publisher	Verlag
E	Editor	Herausgeber
Q	Quality Assurance	Formale Qualitätssicherung
A	Accessibility	Zugänglichkeit
S	Steadiness	Dauerhaftigkeit
R	Robustness	Belastbarkeit

Tabelle 3.2: Bewertung der Belastbarkeit (Robustness) von Quellen mit zehn Parametern

Zitationsstufe (Z) erhält für eine Primär-, Sekundär-, Tertiärquelle die Werte 10, 7 oder 4. Ist die Zitationsstufe nicht erkennbar, steht hier die 1.

Urheber (C) wird umso höher bewertet, je größer seine wissenschaftliche Reputation ist. Ist der Urheber nicht genannt, wird C mit 1 bewertet. Bei technischen Regeln, etwa einer Norm, sind die Urheber nicht namentlich genannt. Urheber ist in diesem Fall der Fachausschuss, der das Dokument beim jeweiligen Normungsinstitut verantwortet. Die Erarbeitung einer technischen Regel dauert oft Jahre, und die Besetzung des verantwortlichen Fachausschusses kann sich ändern. Die Mitglieder eines Fachausschusses sind im Normungsinstitut bekannt. Die Autorenschaft ist nachvollziehbar.

Datum (D) bewertet die Aktualität des Dokuments in dem Sinne, ob es die jeweils aktuell gültige und neueste Ausgabe ist. Die neueste Ausgabe erhält die höchste Bewertung. Ist kein Ausgabedatum angegeben, setzen Sie den Wert 1 ein. Das Alter des Dokuments spielt hier keine Rolle. Auch ein sehr altes Dokument kann für eine bestimmte Fachfrage das neueste sein.

Quellen (L) stuft die Belastbarkeit der Quellen in der zitierten Quelle ein. Sind keine Quellen angegeben, müssen Sie einschätzen, ob es sich um ein sehr originäres Werk handelt, das keine Quellen braucht, etwa eine Komposition, oder ob die Quellen als Belege einfach fehlen. Manche Lehrbücher geben zwar weiterführende Literatur an, aber oft keine Quellen zu den dargestellten Inhalten. Hier müssen Sie die Quellenarbeit prüfen und einschätzen.

Zeitschrift (J) bewertet die Erkennbarkeit und Reputation der Zeitung, Zeitschrift (Journal) oder Schriftenreihe, in der ein Werk erschienen ist. Für ein Werk, das unabhängig von einer Zeitschrift oder Schriftenreihe veröffentlicht wurde, entfällt dieser Parameter. n reduziert sich um 1.

Verlag (P) beziffert die Reputation des Unternehmens, bei dem das Werk erschienen ist. Eine Veröffentlichung im Eigenverlag oder durch die herausgebende Institution selbst wird mit $P = 1$ bewertet.

Herausgeber (E) bewertet die Erkennbarkeit und Reputation des Herausgebers eines Werks, einer Werkreihe, Zeitung oder Zeitschrift. Für eine Monographie, also ein Werk ohne Herausgeber, fällt dieser Parameter weg. n reduziert sich hierdurch um 1.

Qualitätssicherung (Q) bewertet, ob und in welcher Güte ein formales Verfahren zur Qualitätssicherung bei der Veröffentlichung des Werks angewendet wurde. Eine hohe Bewertung erhalten Artikel in Fachzeitschriften mit einem *Peer-Review-Verfahren*, Gesetze und Technische Regeln, wie die ISO- und DIN-Normen oder die VDE- und VDI-Richtlinien. Diese müssen als Entwurf der Fachöffentlichkeit zur kritischen Begutachtung vorgestellt. Jeder danach eingehende Einwand muss formal durch das Fachgremium behandelt werden [38, 202].

Zugänglichkeit (A) bewertet die Zugänglichkeit zu dem Dokument für die Öffentlichkeit. Ein Dokument, das nicht für die Allgemeinheit zugänglich, ist erhält die niedrigste Einstufung. Die meisten unternehmensinternen Dokumente sind so zu bewerten.

Dauerhaftigkeit (S) klassifiziert die Sicherheit des langfristigen Zugangs zu dem Dokument. So sind zwar viele Internetseiten leicht, aber oft nicht langfristig verfügbar. Änderungen in der Struktur der Seite, Verlegung auf eine andere Internetadresse oder Wegnahme von Dokumenten von einer Seite machen oft den späteren Zugriff unmöglich.

Die Beispiele zur Bewertung unterschiedlicher Quellen auf ihre Belastbarkeit R in Tabelle 3.3 geben die Einschätzung des Autors wieder. Die höchsten Werte haben Artikel aus Fachzeitschriften, die in der *Master Journal List*[15] genannt sind, sowie Patente, Gesetze und Technische Regeln, wie etwa der International Organization for Standardization (ISO), dem Deutschen Institut für Normung (DIN) oder dem Verein Deutscher Ingenieure (VDI).

Bis auf Webseiten ohne Urheber und Quellenangaben sind alle anderen Quellen als Primärquelle mit dem Wert $Z = 10$ bewertet.

---

[15]Früher: Science Citation Index (Expanded)

Quelle	Wie publiziert	R	Z	C	D	L	J	P	E	Q	A	S
Fachpublikationen												
Artikel	Fachzeitschrift/MJL	10,0	10	10	10	10	10	10	10	10	10	10
	Fachzeitschrift	8,4	10	10	10	10		6	6	6	10	10
	Zeitung/Zeitschrift	6,5	10	10	10	2	4	4	10	4	10	10
	Online-Zeitung	4,2	10	10	6	2	4	4	6	2	4	2
Fachbuch	Verlag, weltweit	8,3	10	10	10	4	10	10	10	4	10	10
	Verlag, national	7,2	10	10	10	4	6	4	10	4	10	10
Betriebliche Dokumente												
Anleitung	gedruckt/PDF	3,8	10	1	10	1	1	10	1	8	10	8
	Internet	2,6	10	1	2	1	1	10	1	6	10	1
Bericht	gedruckt/PDF	4,6	10	10	10	8	1	6	1	2	6	8
	Internet	2,6	10	10	10	1	1	6	1	2	1	1
Dokument	mit Autor	2,6	10	10	10	4	1	1	1	1	1	4
	ohne Autor	2,1	10	1	10	4	1	1	1	1	1	4
	Intranet	2,0	10	1	2	4	1	11	1	1	1	1
Daten	Intranet/ERP	1,6	10	1	10	1	1	1	1	1	1	1
Behördliche Dokumente												
Gesetz	Gesetzgeber	10,0	10	10	10	10	10	10	10	10	10	10
Verordnung	Gesetzgeber	10,0	10	10	10	10	10	10	10	10	10	10
Technische Regeln und Patente												
Technische Regel	Normungsinstitut	10,0	10	10	10	10	10	10	10	10	10	10
	Branche	7,8	10	10	10	10	1	8	10	10	10	10
	Verband	7,5	10	10	10	10	1	6	10	10	10	10
Patent	Patentamt	10,0	10	10	10	10	10	10	10	10	10	10
Wissenschaftliche Abschlussarbeiten												
Bachelorthesis	Universität	5,7	10	10	10	4	1	8	10	2	10	6
	mit Sperrvermerk	4,7	10	10	10	4	1	8	10	2	2	4
Diplomarbeit	Universität	6,6	10	10	10	8	1	8	10	4	10	6
Dissertation	Universität	7,6	10	10	10	10	1	10	10	8	10	8
Examensarbeit	Universität	6,4	10	10	10	6	1	8	10	4	10	6
Habilitation	Universität	9,8	10	10	10	10	10	10	10	10	10	8
Masterthesis	Universität	6,4	10	10	10	6	1	8	10	4	10	6
	mit Sperrvermerk	5,2	10	10	10	6	1	8	10	4	2	4
Sonstige Quellen												
Mitteilung	mündlich	2,0	10	10	10	1	1	1	1	1	1	1
Internetquelle	Webseite	1,3	1	1	1	1	1	1	1	1	10	1

Tabelle 3.3: Wissenschaftliche Belastbarkeit von Primärquellen (Beispiele). Die höchsten Werte haben Artikel aus Fachzeitschriften, die in der Master Journal List (MJL) genannt sind, sowie Patente, Gesetze und branchenunabhängige Technische Regeln

4 Formeln, Tabellen, Abbildungen

4.1 Beschriftung grafischer Objekte

Es gelten folgende Regeln beim Einsatz grafischer Elemente in einer wissenschaftlichen Abhandlung.

- Alle Objekte sind eindeutig und fortlaufend nummeriert.
- Jede Abbildung und Tabelle hat eine erklärende Beschriftung.
- Die Beschriftung ist entweder oberhalb oder unterhalb angeordnet – aber immer gleich bei gleichen Objekten.
- Ein grafisches Objekt steht nie unmittelbar nach einer Überschrift: dazwischen ist immer ein hinführender Text.
- Sofern die Abbildung oder Tabelle von einem anderen Autor stammt oder an eine Vorlage angelehnt ist, gilt dies als Zitat. Die Quelle ist anzugeben.
- Jedes Objekt wird im Text mindestens einmal aufgerufen.

Inhalt, Struktur und Aussage eines grafischen Objekts überprüfen Sie durch folgende Fragen.

- *Aussage*: Welche Frage soll das Objekt beantworten?
- *Inhalt*: Was zeigt das Objekt?
- *Struktur*: Wie ist das Objekt gegliedert?

Können Sie jede Frage mit einem Satz beantworten? Wenn nicht, ist der Nutzen des Objekts fragwürdig. Lassen Sie es weg oder verbessern es.

© Der/die Autor(en), exklusiv lizenziert an
Springer Fachmedien Wiesbaden GmbH, ein Teil von Springer Nature 2022
F. Lindenlauf, *Wissenschaftliche Arbeiten in den Ingenieur- und Naturwissenschaften*, https://doi.org/10.1007/978-3-658-36736-7_4

Tabelle 4.1 zeigt die möglichen Kombinationen zur Positionierung der Beschriftung von Abbildungen und Tabellen. In Deutschland ist die Kombination 3 weit verbreitet: Bild*unterschrift* und Tabellen*überschrift*. Aber auch in der deutschsprachigen Literatur sind, oft abhängig von der Tradition des jeweiligen Fachgebiets und den Design-Vorgaben der Verlage, alle Kombinationen 1 bis 3 vertreten. In den Wirtschafts- und Geisteswissenschaften überwiegt die Kombination 2. Dieser Leitfaden verwendet die Kombination 4.

	Position der Beschriftung	
K	Abbildung	Tabelle
1	oberhalb	oberhalb
2	oberhalb	unterhalb
3	unterhalb	oberhalb
4	unterhalb	unterhalb

Tabelle 4.1: Mögliche Kombination (K) der Beschriftungspositionen von Abbildungen und Tabellen

Bei einer mehrseitigen Tabelle ist die Tabellenüberschrift besser und (nahezu) zwingend, denn so steht die Erläuterung schon vor der Tabelle, und der Leser muss nicht über mehrere Seiten zur Beschreibung blättern und dann wieder zurück, um die Tabelle zu lesen. Ist die Positionierung durch die Richtlinien eines Verlags, einer Zeitschrift, der Hochschule oder die betreuende Person vorgegeben, gibt es keine eigene Wahlfreiheit mehr. Fehlen derartige Einschränkungen, ist es reine Geschmackssache, für welche Anordnung man sich entscheidet. Wichtig ist aber:

► Beschriftungen von Tabellen und Diagramm sind einheitlich positioniert.

4.2 Formeln

Formeln können *in einer Zeile* oder als *freistehende Formeln* geschrieben werden. Die letzteren sind mit dem Text rechtsbündig nummeriert. Die Nummer steht in runden Klammern. Haben Sie sehr viele Formeln auf mehrere Kapitel verteilt, ist eine kapitelweise Nummerierung hilfreich. Beim Bezug auf eine Gleichung im Text, setzen Sie die Nummer ebenfalls in Klammern.

Bauen Sie die Gleichung sprachlich in einen Satz ein, wie Beispiel 4.1 mit der Gleichung (4.1) verdeutlicht. Mit einem Doppelpunkt sollten Sie eine Gleichung nur ausnahmsweise einführen.

Beispiel 4.1 – Freistehende Gleichung mit Erklärung

Das Gravitationsgesetz beschreibt die Wechselwirkung von Körpern allein aufgrund ihrer Masse und ihres Abstands. Zwei Körper mit den Massen m_1 und m_2 im Abstand r ihrer Massenschwerpunkte erfahren die Kraft

$$\vec{F} = -G\frac{m_1 m_2}{r^2}\,\vec{e}_r. \tag{4.1}$$

Hier ist $G = 6{,}673\,84(80) \cdot 10^{-11}\,\mathrm{m^3\,kg^{-1}\,s^{-2}}$ die Gravitationskonstante und $\vec{e}_r$ der Einheitsvektor in Richtung der Achse durch die Schwerpunkte. Das Minuszeichen zeigt an, dass die Kraft und der Verbindungsvektor entgegengesetzte Richtungen haben. Die Kraft wirkt also anziehend.

Guter Formelsatz   zeichnet sich aus durch folgende Darstellung:

▶ Jede abgesetzte Formel ist nummeriert.

▶ Zeichen für Größen sind *kursiv* gesetzt.

▶ Einheitensymbole sind gerade gesetzt mit einem kleinen Leerzeichen (*Spatium*) zwischen Zahlenwert und Einheit.

▶ Ein Formelzeichen besteht aus einem Zeichen, Buchstaben oder Symbol und seiner typografischen Gestaltung.

▶ Ein und dasselbe Formelzeichen sieht an jeder Stelle gleich aus.

Das gilt auch für chemische Formeln und einzelne Zeichen technischer und physikalischer Größen.

Die Schreibweise von Formeln ist in der Norm DIN 1338 erklärt [44]. Weitere Hinweise gibt DIN 5008 [53]. Zur Bewältigung dieser Aufgaben leisten LaTeX-Pakete wie siunitx [WRIGHT2022B], physics [7] oder chemformula [157] wertvolle Dienste.

Begriffe, Größen, Symbole und die Darstellung von Gleichungen der Chemie sind festgelegt in Regelwerken der International Union of Pure and Applied Chemistry (IUAPC) [125–127]. Chemische Gleichungen sind in die fortlaufende Nummerierung eingebunden.

Beispiel 4.2 – Chemische Gleichungen

sind ebenfalls fortlaufend nummeriert.

$$H_2O + CO_3^{2-} \rightleftharpoons OH^- + HCO_3^- \tag{4.2}$$

$$H^+ + OH^- \longrightarrow H_2O \tag{4.3}$$

4.3 Tabellen

Zur Gestaltung Ihrer Tabellen beachten Sie bitte folgende Hinweise.

▶ Die Schriftgröße in einer Tabelle sollte nicht kleiner sein als die Schriftgröße in der Überschrift oder Unterschrift.

▶ Farbliche Hinterlegungen nur dezent und in notwendigen Fällen einsetzen.

▶ Tabellen *extern berechnen* und im Textverarbeitungsprogramm darstellen.

► Vermeiden Sie senkrechte Striche zur Unterteilung. Diese unterbrechen den Lesefluss in einer Tabellenzeile.

► Jede Tabelle wird im Text mit Nummer erwähnt.

► Jede Tabelle erhält eine erklärende Beschreibung.

► Die Aussage, die mit einer Tabelle getroffen werden soll, ist im Text zu beschreiben.

Nehmen Sie die Tabellen in diesem Leitfaden als Beispiele.

Beispiel 4.3 – Ausrichtung und Darstellung von Zahlen in Tabellenspalten

Die Flächen ausgewählter Länder im Vergleich als Beispiel zur richtigen Ausrichtung und Darstellung von Zahlen in Tabellenspalten zeigt Tabelle 4.2.

Am Beispiel der Flächen ausgewählter Länder zeigt Tabelle 4.2 in den ersten zwei Spalten die zentrierte und rechtsbündige Ausrichtung der Zahlen. Diese Ausrichtungen sind häufig zu sehen. Hier sind selbst die großen Unterschiede, z. B. zwischen Luxemburg und Italien, kaum zu erkennen. So ist der Wert der Fläche Frankreichs optisch genauso lang wie der von Kanada und den USA und der von Luxemburg so lang wie der von Italien. Dasselbe gilt für die Flächenwerte von Liechtenstein, Monaco und San Marino. Erst die richtige Ausrichtung am Dezimalkomma [53] und die zentrierte Anordnung des gesamten Paketes in der dritten Spalte lässt die Unterschiede auf einen Blick klar werden: Große Zahlenwerte gehen weit nach links, Werte mit vielen Nachkommastellen gehen weit nach rechts.

Land	Fläche/km^2	Fläche/km^2	Fläche/km^2	Quelle
Andorra	468	468	468	[210]
Belgien	30.688	30.688	30 688	[211]
Deutschland	357.588	357.588	357 588	[213]
Frankreich	632.733,9	632.733,9	632 733,9	[214]
Italien	301.338	301.338	301 338	[217]
Kanada	9.984.670	9.984.670	9 984 670	[218]
Liechtenstein	160,5	160,5	160,5	[219]
Luxemburg	2.586,4	2.586,4	2 586,4	[220]
Monaco	2,084	2,084	2,084	[221]
San Marino	61,19	61,19	61,19	[222]
USA	9.525.067	9.525.067	9 525 067	[223]
Ausrichtung	zentriert	rechts	Komma + zentriert	rechts

Tabelle 4.2: Oft anzutreffende (in den beiden linken Spalten) und richtige Ausrichtung [53] von Zahlen in einer Tabellenspalte. Auf horizontale und vertikale Linien kann weitestgehend verzichtet werden. Zu jedem Eintrag ist die Quelle angegeben

Diese Darstellung gliedert die Ziffern der Werte (auch) in Dreiergruppen, allerdings richtigerweise alle Ziffern *vor und nach dem Komma* auf dieselbe Art mit einem Leerzeichen anstelle des Punktes wie in den beiden ersten Spalten. Der Punkt als *Trenner* der Dreiergruppen ist nur zur Gliederung von Geldbeträgen vorgesehen [53]. Nachkommastellen können damit nicht unterteilt werden, was bei Geldbeträgen auch nicht nötig ist.

Zu allen fremden Daten sind die Quellen angegeben. Für den Zweck dieser Tabelle ist deren Belastbarkeit ausreichend.

4.4 Abbildungen

4.4.1 Grundlegendes

Zusammenhänge zwischen Daten werden heute üblicherweise mithilfe von Software, oft mit *Standardprogrammen* wie Excel, Power-Point, Visio oder Inkscape, visualisiert. Die Norm DIN 461 ist die grundlegende Quelle zur Gestaltung von wissenschaftlichen und technischen Diagrammen [37]. Diese werden gebraucht bei der technischen Dokumentation von Produkten aber auch in professionellen Präsentationen, Laborberichten und Abschlussarbeiten. DIN 461 unterscheidet

► Qualitative Darstellung
► Quantitative Darstellung
► Arbeitsdiagramm

Für Diagramme, Abbildungen und Tabellen gilt:

► Die Schriften sind dieselben wie im Text.
► Schriften sind im Objekt nicht kleiner als in der Bildunterschrift.
► Farben müssen einen Unterscheidungszweck erfüllen[1].
► Eingefügte Grafiken brauchen das richtige Datenformat[2].

Zahlreiche Tipps und Beispiele zur Auswahl des richtigen Diagrammtyps und zur Gestaltung Ihrer Diagramme und Abbildungen finden Sie in [115, 200, 225].

► Vermeiden Sie alles, was keine Information übermittelt.
► Die wichtigsten Bildelemente sind am größten.
► Die Linienstärken stehen in einem festen Verhältnis [37]:
Teilstriche : Achsen : Kurven = 1 : 2 : 4.

---

[1]Denken Sie an einen Schwarz-Weiß-Ausdruck.
[2]Das JPEG-Dateiformat ist für Abbildungen mit überwiegend Schrift und geraden Kanten ungeeignet. Hier sieht man die *Kompressionsartefakte* als Wolken in der Nähe der Kanten. Näheres dazu in Kapitel 7.2.3 und Abbildung 7.1.

Abbildungen in Fachbüchern, Fachartikeln, Normen und Richtlinien können weitere Anregungen geben.

Hinweis. Alle quantitativen Empfehlungen in diesem Abschnitt sind Richtwerte und dienen zu ersten Orientierung. In begründeten Ausnahmen können andere Parameterwerte sinnvoll sein.

Achsenteilung

Abbildung 4.1 zeigt drei Diagramme. Betrachten Sie hier die Skalierung der Ordinatenachsen (y-Achsen). Sie zeigen von links nach rechts die Hauptteilung in Schritten von 1, 2 und 5 Einheiten der Skala [37]. Die Feinteilung folgt demselben Schema. Das linke Diagramm hat eine Feinteilung von 0,5. Mittleres und rechtes Diagramm haben die Feinteilung 1.

Einheit bedeutet hier der Faktor und die physikalische Einheit[3], mit der die Zahl an einem Teilstrich multipliziert werden muss, um zum dargestellten Wert zu kommen. Der größte Skalenwert jeder Achse ist jeweils das Fünffache der Hauptteilung[4].

▶ Achsen sind skaliert in Schritten von 1, 2 und 5 Einheiten.

▶ Bei Uhrzeiten, Winkeln und anderen, nicht der Zehnerteilung unterliegenden Größen sind andere Skalierung oft sinnvoll.

Die kürzere Achse ist in fünf Hauptskalenteile unterteilt. Die Abszisse (x-Achse) gibt die Anzahl der Symbole je Hauptskalenteil der Ordinate (y-Achse). Ein Fünftel dieses Maßes wird dann der Durchmesser eines Symbols.

Den Zusammenhang zwischen Symbolgröße und Diagrammgröße zeigt Abb. 4.2. Mit vier bis sechs Symbolen auf ein Hauptskalenteil (hier der y-Achse) lassen sich Unterschiede in den Daten noch

---

[3]oder wirtschaftliche Einheit, wie $, €, ...

[4]Aus Platzgründen weicht die x-Achse (Abszisse) von der Regel ab.

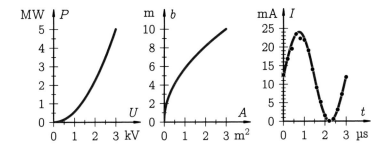

Abbildung 4.1: Skalierung der Koordinatenachsen am Beispiel der Ordinatenachsen (y-Achsen). Die Hauptteilung erfolgt in Schritten von 1, 2 oder 5 Einheiten. Die geometrischen Abstände zweier Hauptteilstriche von Ordinaten- und Abszissenachse (x-Achse) sind nahezu gleich

gut erkennen. Auf etwa ein Zwanzigstel eines Hauptskalenteils können die Werte der verwendeten Daten gerundet werden ohne einen Verlust an Information.

4.4.2 Qualitative Darstellung

Ein *qualitatives Diagramm* stellt den grundsätzlichen Zusammenhang zwischen den Variablen dar [37]. Rückschlüsse auf Zahlenwerte sind nicht möglich. Charakteristische Punkte können auf den Kurven oder Achsen markierte sein.

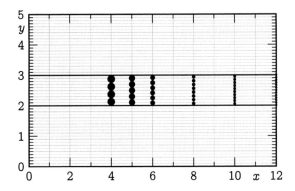

Abbildung 4.2: Symbolgröße und Diagrammgröße hängen zusammen. Aufgetragen auf der Abszisse (x-Achse) ist die Anzahl der Symbole je Hauptskalenteil der Ordinate (y-Achse)

Beispiel 4.4 – Qualitatives Diagramm

Abbildung 4.3 zeigt ein qualitatives Diagramm. Der erklärende Text hierzu könnte folgendermaßen lauten:

Zu sehen ist die Abhängigkeit der Spannung U von der Zeit t für einen Einschaltvorgang an einem Kondensator. Eingetragen ist zusätzlich die Dauer der Zeitkonstanten τ und das Verfahren, wie sie aus der Kurve geometrisch ermittelt (konstruiert) werden kann: Die Dauer zwischen dem Startzeitpunkt und dem Schnittpunkt der Tangenten für $t = 0$ und $t \to \infty$ ist gerade die Zeitkonstante.

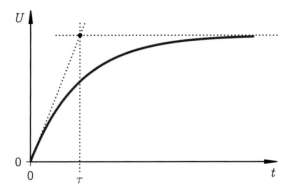

Abbildung 4.3: Ein qualitatives Diagramm nach DIN 461: Einschaltvorgang der Spannung U am Kondensator mit der Zeitkonstanten τ

4.4.3 Quantitative Darstellung

Die Achsen dieser Diagramme sind mit einer Skalenteilung versehen, so dass Zahlenwerte abgelesen werden können [37]. An jeder Achse muss deshalb die Einheit angegeben sein. Hier geht es darum, den *Definitions-* und *Wertebereich* eines funktionalen Zusammenhangs darzustellen oder den mit einer Messreihe abgedeckten Bereich und den Zusammenhang zwischen den Messwerten zu zeigen. Abbildung 4.4 zeigt denselben Zusammenhang wie Abbildung 4.3 als quantitatives Diagramm. Zusätzlich eingetragen sind Messwerte als unverbundene Datenpunkte.

▶ Verwenden Sie Symbole zur Achsenbeschriftung und keine ausgeschriebenen Begriffe. Das spart Platz und erleichtert die Verwendung des Diagramms in anderen Sprachen.

▶ Einheiten schreiben Sie als Teiler der Größe an der Achse[5].

---

[5]Die Einheit kann mit dem Wort »in« an das Formelzeichen oder den Größen-

► Formelzeichen von Größen sind *kursiv* zu setzen.

► Wollen Sie Daten in mehreren Diagrammen miteinander vergleichen, wählen Sie dieselbe Achsenskalierung in allen diesen Diagrammen.

► Arbeiten Sie nur ausnahmsweise mit einem verschobenen Achsennullpunkt.

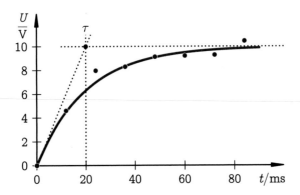

Abbildung 4.4: Ein quantitatives Diagramm nach DIN 461 mit Messwerten und angepasster Kurve. Bei dieser Darstellung hat jede Achse eine Einheit und eine Skalierung. Die Symbole, markante Elemente des Diagramms und seine Kernaussage hier kurz und im Text ausführlich zu erklären

---

namen angeschlossen werden [37]. Bei komplexen Einheiten ist das oft leichter lesbar, braucht aber mehr Platz.

4.4.4 Arbeitsdiagramm

Aus einem Arbeitsdiagramm sollen Wertepaare $P = \{x, y(x)\}$ für weitere Berechnungen mit ausreichender Stellenzahl abgelesen werden können. Nur hierfür ist ein Arbeitsdiagramm hilfreich. Nur Arbeitsdiagramme enthalten Gitternetzlinien. Im Beispiel der Abbildung 4.5 kann die Position x in Abhängigkeit der Zeit t aus dem Diagramm abgelesen werden, umgekehrt natürlich auch t in Abhängigkeit von s. Das Diagramm entspricht den Vorgaben der Norm DIN 461 [37]. Es wurde mit dem LaTeX-Paket TikZ [192] erstellt. Arbeitsdiagramme werden selten benötigt.

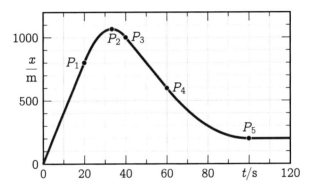

Abbildung 4.5: Ein Arbeitsdiagramm dient zum Ablesen von Wertepaaren – hier P_1 bis P_4. Die Achsenbeschriftungen können ohne Drehung gelesen werden

4.4.5 Noch ein Diagrammbeispiel

Die Formelzeichen im Diagramm (hier ein Schaltplan) und einer darauf bezogenen Gleichung (4.4) sind identisch. Der Text könnte lauten:

Die Teilspannungen der Schaltung des Reihenschwingkreises in Abb. 4.6 folgen aus der *Maschenregel*

$$u_R + u_C + u_L = u_\mathrm{a}. \tag{4.4}$$

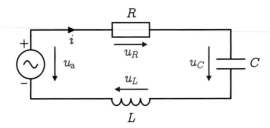

Abbildung 4.6: Schaltung eines Reihenschwingkreises

4.5 Darstellung von Werten

4.5.1 Zahlendarstellung wählen – Ein Beispiel

Stellen Sie sich vor, Sie wollen Ihre Leser kurz informieren über das Unternehmen[6], für das Sie Ihre Thesis durchgeführt haben, und schreiben:

> »Bei einem Jahresumsatz von 250.200 Mio. € betrug die weltweite Gesamtbelegschaft des Konzerns im Jahr 2021 durchschnittlich 667 647 Personen [208, 209]. Bis zum Ende des Berichtsjahres war sie gestiegen auf 672 789 Personen [208].«

Diese Daten aus dem öffentlich zugänglichen Geschäftsbericht sind gültig und richtig [208, 209]. Nur sind sie *schwer zu merken* und für den Zweck *zu detailliert*. Reduzieren Sie die Komplexität. Und ordnen Sie die Daten ein. Hier ist ein Vorschlag:

> »Im Jahr 2021 erwirtschafteten etwa 670 000 Mitarbeiter des Konzerns rund 250 Mrd. € Umsatz [208, 209]. Das sind knapp 375.000 € pro Person.«

Mit diesem kürzeren Text geben Sie dem Leser mehr Informationen, und besser zu behaltende.

Die Darstellung einer Zahl hat Bedeutung

Welche Aussage Sie mit einem Zahlenwert treffen, hängt neben seinem Wert auch von seiner Darstellung ab [43]. So bedeuten die Angaben 1/2 und 0,5 oder 0,50 nicht dasselbe, obwohl die Werte ineinander umgerechnet werden können. Der Bruch 1/2 ist genau, weil er aus zwei ganzen Zahlen besteht, die wiederum genau sind.

---

[6]Hier beispielhaft mit den Daten des Volkswagen-Konzerns

Eine Dezimalzahl drückt stets einen gerundeten Wert aus, wenn sie nicht durch Fettdruck der letzten Stelle als genau gekennzeichnet ist [43]. Bei der Angabe 0,5 liegt der Wert irgendwo zwischen 0,45 und 0,55 [73]. Ob und wie er eventuell gerundet wurde, ist nicht erkennbar. Die Dezimaldarstellung $1/3 = 0,33\overline{3}$ mit periodisch sich wiederholenden Ziffern am Ende funktioniert bloß bei manchen Zahlen. Außerhalb der Schulmathematik ist sie allerdings unüblich. Irrationale Zahlen, wie π, e oder $\sqrt{2}$, sind nur in der Symbolschreibweise exakt. Unabhängig von der Anzahl der Stellen gibt jede Dezimaldarstellung einen Näherungswert an, etwa $\pi \approx 3,1416$ oder $\sqrt{2} \approx 1,414\,214$.

Festgelegte Werte sind exakt

In Dezimaldarstellung sind nur *festgelegte Werte* exakt, wie z. B.

▶ Vorgabewerte

▶ Werte spezieller Naturkonstanten

▶ Vollwinkel (360°) des Kreises

▶ Teilung ebener Winkel in Grad, Minuten und Sekunden

▶ Umrechnungsverhältnisse der Zeiteinheiten Jahr, Monat, Tag, Stunde, Minute, Sekunde

Ebenfalls exakt sind Werte, die aus festgelegten Werten berechnet werden. Exakte Werte sind nicht messbar.

Vorgabewerte sind u. a. Toleranzen, Grenzabweichungen, Grenzwerte (Mindest- und Höchstwerte) oder Sollwerte als Teil von Spezifikationen oder im Straßen-, Geschäfts- und Warenverkehr.

Tabelle 4.3 listet die Naturkonstanten, auf denen das *Système international d'unités* (SI) basiert [16, 17, 73].

Konstante	Symbol und Wert
Übergangsfrequenz in ^{133}Cs	$\Delta\nu_{Cs} = 9\,192\,631\,770\,\text{s}^{-1}$
Lichtgeschwindigkeit	$c = 299\,792\,458\,\text{m}\,\text{s}^{-1}$
Planck-Konstante	$h = 6{,}626\,070\,15 \cdot 10^{-34}\,\text{J}\,\text{s}$
Elementarladung	$e = 1{,}602\,176\,634 \cdot 10^{-19}\,\text{C}$
Boltzmann-Konstante	$k = 1{,}380\,649 \cdot 10^{-23}\,\text{J}\,\text{K}^{-1}$
Avogadro-Konstante	$N_A = 6{,}022\,140\,76 \cdot 10^{23}\,\text{mol}^{-1}$
Strahlungsäquivalent (540 THz)	$K_{cd} = 683\,\text{lm}\,\text{W}^{-1}$

Tabelle 4.3: Festgelegte, exakte Werte der Naturkonstanten, auf denen das SI aufgebaut ist [16]

Beispiel 4.5 – Vorgabewerte sind exakt

Spezifikation – Vorgabewerte. Die Breite einer Tischplatte sei spezifiziert mit $b = 780^{+0}_{-2}$ mm. Damit sind festgelegt: *Bezugswert* $b_r = 780$ mm, *untere Grenzabweichung* $t_1 = -2$ mm, *obere Grenzabweichung* $t_2 = 0$ mm. Die Werte sind exakt.

Spezifikation – abgeleitete Werte. Weiter sind damit festgelegt und exakt: *Toleranz* $t = t_2 - t_1 = 2$ mm, *Mindestwert* $b_1 = b_r + t_1 = 778$ mm, *Höchstwert* $b_2 = b_r + t_2 = 780$ mm, *Mittenwert* $b_m = (b_1 + b_2)/2 = 779$ mm, *Sollwert* $b_s = b_m = 779$ mm.

Grenzwert (Höchstwert). Die zulässige Höchstgeschwindigkeit innerhalb geschlossener Ortschaften [190, § 3] beträgt für alle Kraftfahrzeuge 50 km/h. Dieser Wert ist exakt.

Empirische Werte haben eine endliche Genauigkeit

Kalkulationsprogramme oder Taschenrechner zeigen ihre Ergebnisse oft mit sehr vielen Stellen an. Aber nicht alle Stellen vermitteln eine sinnvolle Information für die zu treffende Aussage. Selbst wenn Messwerte stark schwanken, können Mittelwert und Standardabweichung sehr genau berechnet werden. Beachten Sie:

▶ Die Angabe aller angezeigten Stellen ist nicht sinnvoll.
▶ Die Anzahl an Stellen ist durch *Runden* anzupassen.
▶ Welche schon vorher gerundeten Werte verwenden Sie?

Überlegen sie vor der Angabe von Werten, was Sie damit ausdrücken können. Davon abhängig runden Sie Ihre Werte auf die richtige Anzahl von *signifikanten Stellen* [43].

Beispiel 4.6 – Zahlenangaben

Ein Programm berechnet Ihnen den Wert 89,932 310 4 mm als mittlere Länge eines Bauteils aus Stahl. Würden Sie diesen Wert in Ihrer Arbeit angeben?

Bedenken Sie: Der Durchmesser eines Eisenatoms beträgt rund 280 pm. Die Ziffer 4 in der letzten Stelle bedeutet eine Länge von 400 pm. Das sind knapp anderthalb Eisenatome nebeneinander. Welche Bedeutung kann dieser Wert haben?

4.5.2 Signifikante Stellen

Alle Ziffern einer Zahl ab der ersten, ganz links[7] stehenden, von Null verschiedenen Ziffer bis zur Rundungsstelle [43] sind *signifikant*. Sie werden von links nach rechts gezählt. Die *Rundungsstelle* ist die letzte, ganz rechts[8] stehende Stelle, die nach dem Runden

---

[7]mit der größten Zehnerpotenz
[8]mit der kleinsten Zehnerpotenz

angegeben wird.

▶ Links stehende (führende) Nullen sind nicht signifikant.

▶ Zwischen anderen Ziffern eingeschlossene Nullen sind signifikant.

▶ Nullen nach dem Komma am Ende einer Zahl sind signifikant.

Damit alle signifikanten Stellen deutlich werden, müssen Sie die Rundungsstelle auf die Einerstelle oder eine Nachkommastelle verschieben. Das erreichen Sie durch *Zehnerpotenzschreibweise* oder einen passenden *SI-Vorsatz* [73].

▶ Eine häufige Fehlerquelle besteht in der Verwechslung von Nachkommastellen und signifikanten Stellen.

Beispiel 4.7 – Signifikante Stellen 1

Der Wert 089,9060 mm hat sechs signifikante Stellen. Vier signifikante Stellen haben 12,07 V und 1,480 A. Der Wert 0,003 kg hat zwar drei Nachkommastellen aber nur eine signifikante Stelle.

Signifikante Stellen von ganzen Zahlen

Ganze Zahlen haben keine Nachkommastellen. Die Signifikanz von Nullen am Ende einer ganzen Zahl ist ohne weitere Information nicht erkennbar. [43]. Klären Sie:

▶ Ist eine ganze Zahl *exakt* zu werten?

▶ Stellt eine ganze Zahl einen *gerundeten Wert* dar?

Durch *Zehnerpotenzschreibweise* oder einen passenden *SI-Vorsatz* verschieben Sie die am weitesten rechts stehende, von Null verschiedene Ziffer auf die Einerstelle oder eine Nachkommastelle.

▶ Nur wenn Sie entsprechende Informationen haben, dürfen Sie die Anzahl an signifikanten Stellen durch die Schreibweise erhöhen.

Beispiel 4.8 – Signifikante Stellen 2

Dezimalzahlen Die Werte $a = 12{,}34 = 1{,}234 \cdot 10^1$, $b = 0{,}005\,678 = 5{,}678 \cdot 10^{-3}$ und $c = 2468 \cdot 10^3 = 2{,}468 \cdot 10^6$ haben je vier signifikante Stellen.

Ganze Zahlen Bei $s = 25\,000$ m ist die Zahl der signifikanten Stellen unklar. Ohne weitere Angaben müssen Sie hier zwei signifikante Stellen zugrunde legen. Eindeutigkeit erzielen Sie mit Darstellungen, wie z. B.

► $s = 25$ km – zwei signifikante Stellen

► $s = 25{,}0$ km – drei signifikante Stellen

► $s = 25{,}000$ km – fünf signifikante Stellen

Runden

Beim Runden wird die Zahl an der Rundungsstelle durch die nächst größere Zahl ersetzt oder beibehalten [43]. Man nimmt

► beim *Aufrunden* die *nächst größere Zahl*,

► beim *Abrunden* die *dieselbe Zahl*.

Ist der Wert nach der Rundungsstelle im Vergleich zum Wert der Rundungspotenz

► $> 1/2$, wird aufgerundet

► $< 1/2$, wird abgerundet

► $= 1/2$, wird zu einer geraden Zahl auf- oder abgerundet [73][9]

Wenden Sie unbedingt folgende Regel an:

► Runden auf die richtige Anzahl an signifikanten Stellen erfolgt erst beim letzten Schritt.

---

[9]DIN 1333 schreibt auch für diesen Fall das Aufrunden vor [43].

Beispiel 4.9 – Runden

Runden Sie den Wert $t = 12{,}965\,\mu s$ auf

▶ vier signifikante Stellen: $t \approx 12{,}96\,\mu s$

▶ drei signifikante Stellen: $t \approx 13{,}0\,\mu s$

▶ zwei signifikante Stellen: $t \approx 13\,\mu s$

▶ eine signifikante Stelle: $t \approx 1 \cdot 10^1\,\mu s = 0{,}01\,ms$

Im letzten Beispiel wurde die Rundungsstelle mit der Zehnerpotenzschreibweise 10^1 von der Zehner- auf die Einerstelle verschoben. Mit dem SI-Vorsatz Milli (m) statt Mikro (µ) rückt sie an die zweite Nachkommastelle. In beiden Fällen ist sie als die einzig signifikante Stelle erkennbar.

Notwendige *Zwischenergebnisse* erhalten *drei signifikante Stellen mehr* als das Endergebnis. Damit reduziert sich der Einfluss von Rundungsfehlern auf nachfolgende Berechnungen.

4.5.3 Richtigkeit und Genauigkeit von Daten

Richtigkeit und *Genauigkeit*[10] [76] bestimmen die *Zuverlässigkeit* eines Werts. Bedenken Sie:

▶ Ein genauer Wert kann falsch sein.

▶ Ein richtiger Wert kann ungenau sein.

Zur Beurteilung der *Richtigkeit* und *Genauigkeit* sind stets mehrere Werte notwendig. Diese müssen unter denselben Bedingungen, direkt hintereinander erzeugt oder gemessen worden sein. Abbildung 4.7 verdeutlicht die Konzepte am Beispiel von Treffern nach dem Wurf auf ein Ziel. Das Ziel ist der *richtige Wert r*, jeweils in der Mitte der Quadranten A bis D. Im Vergleich zu A sind die Treffer in B richtiger, in C genauer, in D sehr richtig und viel genauer.

Richtigkeit bemisst, wie nah der Schwerpunkt m einer Menge an Werten an einem *Bezugswert*, dem richtigen Wert r, liegt [76]. Je richtiger die Werte sind, desto geringer wirken *systematische Einflüsse* auf sie. Desto kleiner ist der Abstand d ihres Schwerpunkts vom richtigen Wert.

Genauigkeit gibt an, wie stark die zufälligen Einflüsse[11] auf die Werte sind. Je genauer die Werte sind, desto weniger hängen sie von *zufälligen Einflüssen* ab [76]. In der Praxis überlagern sich oft beide Effekte.

---

[10]DIN ISO 5725-1 verwendet das Begriffspaar *Richtigkeit* und *Präzision* und fasst es zur *Genauigkeit* zusammen [76]. Die Begriffe *Präzision* und *Genauigkeit* sind leider unglücklich gewählt, denn Präzision ist ein Fremdwort, das übertragen gerade Genauigkeit bedeutet. Damit ist einer der Unterbegriffe identisch mit dem Oberbegriff – die inhaltliche Unterscheidung der beiden Begriffe fällt so äußerst schwer. Oberbegriff und zugeordnete Unterbegriffe dürfen nie gleich sein, weil so unklar ist, welcher Ebene der genannte Begriff zugehört.

[11]»Vom Rechnen mit dem Zufall« handelt ein ganzes Kapitel in [162]

Systematische Einflüsse führen zu einer konstanten Verschiebung des Schwerpunkts mehrerer Werte. Umgebungsbedingungen, insbesondere die klimatischen Bedingungen haben großen Einfluss auf Produktions- und Messergebnisse [203]. Normalklimate dienen dazu, die klimatischen Einflüsse in einem bekannten Rahmen zu halten. Sie sind charakterisiert durch Soll- und Grenzwerte und für Lufttemperatur, relative Luftfeuchte, Taupunkttemperatur, Luftdruck, Luftgeschwindigkeit [54, 203].

Zufällige Einflüsse führen zur Streuung mehrerer Werte um ihren gemeinsamen Schwerpunkt. Sie können allgemein als Rauschen aufgefasst werden [90, 108, 110, 160, 182]. Ursachen für Rauschen sind Schwankungen der Umgebungsbedingungen, zufällige Bewegungen von Atomen, Molekülen und Ladungsträgern in elektronischen Bauteilen, Rauheiten von Oberflächen und ähnliches. Der Radius u des Kreises um den Schwerpunkt ist ein Maß für die Streuung der Werte und die zufälligen Einflüsse. Kleineres u heißt kleinere Unsicherheit und damit größere Genauigkeit.

Ohne Vorwissen lassen sich Richtigkeit und Genauigkeit nur durch Wiederholung [39] beurteilen. An einem einzelnen Wert sind systematische und zufällige Einflüsse nicht voneinander zu unterscheiden [89, 96]. Eine Übersicht der Haupteinflüsse auf das Messergebnis, gruppiert nach Material, Messgerät, Methode, Mensch, Milieu (5 M) findet sich in [137].

Beispiel 4.10 – Systematische und zufällige Einflüsse

Systematischen Einfluss haben u. a.:

▶ Einstellung und Ausrichtung von Maschinen

▶ Kalibrierung von Messgeräten

▶ Verschleiß von Werkzeugen, Maschinen, Messgeräten

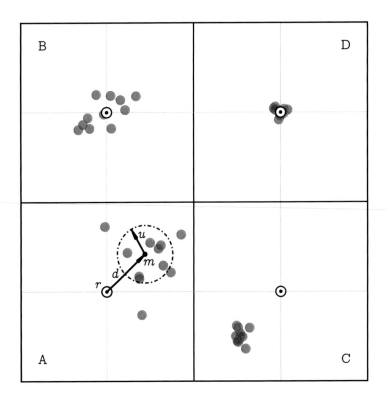

Abbildung 4.7: Richtigkeit und Genauigkeit von Daten am Beispiel von Treffern nach dem Wurf auf ein Ziel r, jeweils in der
Mitte der Quadranten A bis D. Im Vergleich zu A sind die
Treffer in B richtiger, in C genauer, in D noch richtiger und
noch genauer. m ist der Schwerpunkt der Daten, d sein Abstand vom Ziel. u bemisst die Streuung der Werte um den
Schwerpunkt

▶ Runden und Fehler in Berechnungen und Programmen

▶ Mittlere Umgebungsbedingungen

▶ Schulung, Übung und Ermüdung von Menschen

Zu zufälligen Abweichungen führen u. a.:

▶ Schwankungen der Umgebungsbedingungen

▶ Oberflächenrauheit

▶ Spiel in Lagern von Geräten und Maschinen

▶ Atomare und molekulare Bewegungen in elektronischen Bauteilen, Kabeln und Sensoren

Für alle Ihre Daten gilt grundsätzlich [41, 89, 96, 130]:

▶ Systematische Abweichungen sind zu korrigieren

▶ Zufällige Abweichungen sind zu quantifizieren

▶ Jeder Wert ist individuell unterschiedlich unsicher

Der Begriff Unsicherheit entstammt der *Messtechnik* [39–42, 89, 96, 111, 129–135]. Die Messtechnik selbst ist Teil der *Metrologie* [135]. Die *Messunsicherheit* ist ein Maß dafür, wie vertrauenswürdig der zugehörige Messwert ist. Je kleiner der Wert der Messunsicherheit ist, umso zuverlässiger ist der Messwert. Aber nicht nur Messwerte, sondern alle empirisch ermittelten, durch Simulation gewonnene oder gerundet angegebenen Werte, also auch betriebs- und volkswirtschaftliche Daten, sind nicht exakt, also unsicher. Das Konzept der Messunsicherheit lässt hierauf übertragen.

Jeder Wert, der nicht ein festgelegter Wert ist, hat eine ihm zugeordnete individuelle *Unsicherheit*. Gehört zu ihr dasselbe *Vertrauensniveau* von 68,3 % wie zur einfachen Standardabweichung σ normalverteilter Daten [26, 162, 183], heißt sie *Standardunsicherheit u* [41, 89, 96, 130]. Höhere Vertrauensniveaus gibt man mit der erweiterten Unsicherheit $U = k \cdot u$ an. Für $k = 1$ ist $U = u$. In der industriellen Praxis hat sich der Erweiterungsfaktor $k = 2$ mit dem Vertrauensniveau 95,4 % etabliert [42, 89, 96, 111, 130, 201]. Das Vertrauens- oder Konfidenzniveau gibt an, mit welcher Wahrscheinlichkeit der zu einem (Mess-) Ergebnis m gehörende richtige Wert r im Konfidenzintervall $[m - U, m + U]$ liegt [14, 26, 145]. Abbildung 4.8 verdeutlicht diese Zusammenhänge.

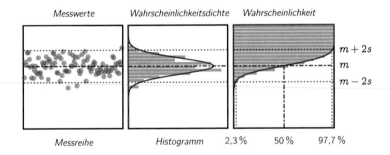

Abbildung 4.8: Die Werte der Messreihe streuen um ihren arithmetischen Mittelwert m. Dieser quantifiziert die mittlere Lage der Werte. Die Einzelwerte werden im Histogramm zusammengefasst, aus dem sich die Form der Wahrscheinlichkeitsdichtefunktion erkennen lässt. Daraus wiederum erhält man durch Kumulieren der Werte die Wahrscheinlichkeitsverteilung. Bei der hier dargestellten Normalverteilung liegen etwa 95,4 % der Werte zwischen $m - 2s$ und $m + 2s$

Erst anhand der Unsicherheiten können Sie selbst und Ihre Leser die Zuverlässigkeit Ihrer Daten beurteilen. Wie Sie zu den Unsicherheiten kommen, zeigt Kapitel 5.1. Hier merken wir uns:

▶ Die Unsicherheit ist stets positiv [39, 89]
▶ Die Unsicherheit hat dieselbe Einheit wie der Wert

Ein vollständiges Ergebnis darstellen

Ein *vollständiges Ergebnis* M besteht aus zwei Teilen, dem Wert m und der Unsicherheit U [39, 89, 96]. Gleichwertige Darstellungsalternativen sind [39, 43]:

► Summe aus Ergebnis und Unsicherheit

$$M = m \pm U \tag{4.5}$$

► Ausklammern der gemeinsamen Einheit $[m] = [U]$
► Ziffer(n) der Unsicherheit in Klammern am Ende des Werts mit der Wertigkeit der letzten Stelle(n) des Werts
► Ausklammern des Werts

$$M = m \cdot \left(1 \pm \frac{U}{|m|} \right) \tag{4.6}$$

Ist die relative Unsicherheit $V = U/|m|$ sehr klein, sind vor der ersten von Null verschiedenen Ziffer oft viele Nullen zur Darstellung notwendig. Die Form mit den Ziffern der Unsicherheit in Klammern am Ende ist hierfür die kompakteste Variante.

Das folgende Beispiel zeigt die Anwendung der Alternativen.

Beispiel 4.11 – Vollständige Ergebnisse alternativ schreiben

Die Beispiele folgen der oben beschriebenen Reihenfolge.

► Ausgangsform: $l = 1{,}20\,\text{m} \pm 0{,}15\,\text{m}$
► Einheit ausgeklammert: $P = (103 \pm 5)\,\text{W}$
► Unsicherheit in Klammern am Ende des Werts:
$\Delta f = 1{,}516\,38(25)\,\text{MHz} = (1{,}516\,38 \pm 0{,}000\,25)\,\text{MHz}$
► Relative Unsicherheit durch Ausklammern des Werts:
$p = 53{,}8 \cdot (1{,}000 \pm 0{,}050)\,\text{kPa} = (53{,}8 \pm 2{,}7)\,\text{kPa}$

Runden der Unsicherheit und des Zahlenwerts

Bis hierhin waren die auf eine oder zwei Stelle(n) gerundeten Unsicherheiten und die dazu passend gerundeten Ergebniswerte vorgegeben. Nun geht es darum, wie Werte und Unsicherheiten, die mit (zu) vielen Stellen berechnet wurden, auf die richtige Anzahl an signifikanten Stellen gerundet werden. Damit vermeiden Sie, eine höhere Genauigkeit vorzutäuschen als Ihre Daten sinnvollerweise zulassen. Wir orientieren uns am Verfahren der DIN 1333 [43]. Ausgangspunkt ist der Wert der Unsicherheit U:

▶ Erste von Null verschiedene Ziffer Z der Unsicherheit finden

Abhängig davon, welche Zahl diese erste Ziffer Z ist, werden zwei Fälle unterschieden.

Fall A: Z ist die Zahl 1 oder 2

▶ Unsicherheit an der auf die Dezimalstelle von Z folgenden Stelle *aufrunden*. Die Unsicherheit hat dann zwei signifikante Stellen.

Fall B: Z ist eine Zahl von 3 bis 9:

▶ Unsicherheit an der Dezimalstelle von Z *aufrunden*. Die Unsicherheit hat dann eine signifikante Stelle.

Danach wird der Ergebniswert gerundet.

▶ Ergebnis runden an der Rundungsstelle der Unsicherheit
▶ Vollständiges Ergebnis angeben in einer gültigen Form,
  als z. B. $M = m \pm U$

Die Unsicherheit kann um eine weitere signifikante Stelle ergänzt werden. Auch hierbei wird ihr Wert aufgerundet. Das Ergebnis wird dann wiederum an der (neuen) Rundungsstelle der Unsicherheit gerundet. Bedenken Sie aber:

▶ Nur in besonders begründeten Ausnahmen ist es sinnvoll, die Unsicherheit mit mehr als zwei signifikanten Stellen anzugeben.

Beispiel 4.12 – Runden von Unsicherheit und Ergebnis

Zwei Messverfahren ergaben die Ausgangswerte vor dem Runden. Nur zur besseren Vergleichbarkeit sind die Mittelwerte identisch.

		Verfahren A	Verfahren B
Vor dem Runden			
Mittelwert	m/mm	14,873 08	14,873 08
Unsicherheit	U/mm	0,241 51	0,617 36
Erste Ziffer $\neq 0$ in U	Z	2	6
Nach dem Runden			
Unsicherheit	U/mm	0,25	0,7
Ergebnis	m/mm	14,87	14,9
Vollständiges Ergebnis	m/mm	14,87(25)	14,9(7)

Durch Hinzunahme einer weiteren Stelle ergeben sich folgende Werte.

		Verfahren A	Verfahren B
Unsicherheit	U/mm	0,242	0,62
Ergebnis	m/mm	14,873	14,87
Vollständiges Ergebnis	l/mm	14,873(242)	14,87(62)

5 Messen, Bewerten, Experimentieren

5.1 Messdaten und Messunsicherheit

5.1.1 Naturwissenschaftliche Methodik

Der Kern der naturwissenschaftlichen Methodik ist die Überprüfung von *Modellen*[1] durch *Experimente*[2] [109, 112, 158, 197]. Dabei liefern die Experimente geplant und systematisch ermittelte Messwerte. Diese werden interpretiert und mit den Vorhersagen verglichen. Versuche an technischen Systemen dienen dazu, Erkenntnisse zu gewinnen, wie Produkte sicherer, zuverlässiger oder besser gemacht werden können [165, 175, 185, 191]. Daten zu wirtschaftlichen Systemen (Organisationen) bilden die Grundlage für betriebliche Entscheidungen, etwa zu Produktionsabläufen oder Investitionen. Daher beruht fast jede technische oder naturwissenschaftliche Arbeit in irgendeiner Weise direkt oder indirekt auf Messdaten.

Auch wenn Sie »nur« aus der Literatur entnommene Naturkonstanten, Werkstoffkennwerte oder betriebliche Werte, etwa für eine Wirtschaftlichkeitsrechnung, verwenden: Alle diese Werte sind nicht exakt, sondern nur mit einer eventuell sehr großen aber immer endlichen Zuverlässigkeit bekannt.

---

[1] *Modelle* heißen auch *Theorien*
[2] *Experimente* heißen auch *Versuche*

© Der/die Autor(en), exklusiv lizenziert an
Springer Fachmedien Wiesbaden GmbH, ein Teil von Springer Nature 2022
F. Lindenlauf, *Wissenschaftliche Arbeiten in den Ingenieur- und Naturwissenschaften*, https://doi.org/10.1007/978-3-658-36736-7_5

5.1.2 Unsicherheit von empirischen Werten

Jeder Messwert ist mit einer ihm zugeordneten Messunsicherheit behaftet [89, 96, 130, 132, 134]. Diese drückt die Tatsache aus, dass unser Wissen über die Welt immer endlich ist: Wir können nicht alles wissen. Zu jedem Wert müssen Sie die zugehörige Messunsicherheit mit angeben [39–41]. Unsicherheiten können über zwei Wege ermittelt werden [89, 130]:

▶ Ermittlungsmethode A:
  Statistische Untersuchung durch Wiederholmessungen

▶ Ermittlungsmethode B:
  Nutzung anderer Informationen als bei Methode A

Es folgt ein Einstieg zur Methode A am Beispiel der Messreihe eines Bolzendurchmessers. Anwendung der Methode B zeigt Abschnitt 5.1.3 beispielhaft für Werte ohne explizit angegebene Messunsicherheit. Mit den Quellen [39–41, 89, 130] können Sie Ihre Kenntnisse verfeinern und vertiefen.

Messreihe an einem Bolzen

Abbildung 5.1 zeigt die technische Zeichnung eines Bolzens, an dem eine *Wiederholmessung* [39] des Durchmessers 17 mm durchgeführt wurde [144]. Hierbei wurden insgesamt 18 Werte in der Messebene M direkt hintereinander gemessen mit einem Messschieber vom Typ MarCal 16-ER [148] mit der Seriennummer 106880.

Tabelle A.1 in Anhang A.2 listet die Einzelwerte. Aus den Daten

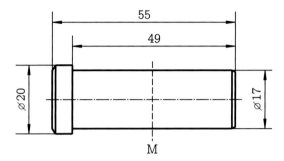

Abbildung 5.1: Bolzen zur Wiederholmessung (Messreihe) der Durchmesser mit einem Messschieber. Die Messebene M war etwa in der Mitte des Bolzens. Alle Maße sind in mm

wurden der arithmetische Mittelwert[3]

$$m = \frac{1}{n} \sum_{i=1}^{n} d_i = 17{,}012\,778\,\text{mm} \approx 17{,}013\,\text{mm} \qquad (5.1)$$

und die empirische Standardabweichung

$$s = \sqrt{\frac{1}{n-1} \sum_{i=1}^{n} (d_i - m)^2} = 0{,}015\,265\,\text{mm} \approx 0{,}016\,\text{mm} \qquad (5.2)$$

berechnet und nach der Methode auf S. 68 gerundet. Abbildung 5.2 vermittelt die Streuung der Werte. Die mittlere horizontale Linie gehört zum Mittelwert. Die beiden äußeren Linien sind jeweils zwei Standardabweichungen vom Mittelwert entfernt.

---

[3]In diesem Leitfaden steht m für den arithmetischen Mittelwert und nicht wie üblich $\bar{x}$. Damit symbolisieren die beiden lateinischen Buchstaben m und s die Schätzwerte des Mittelwerts μ und der Standardabweichung σ.

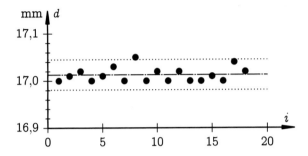

Abbildung 5.2: Durchmesserwerte der Wiederholmessung am Bolzen aus Abb. 5.1. Die mittlere Linie markiert den Mittelwert $m = 17{,}013\,\text{mm}$. Die empirische Standardabweichung beträgt $s = 0{,}016\,\text{mm}$. Die obere und untere Linie ist jeweils zwei Standardabweichungen vom Mittelwert entfernt

Vom Streumaß zur Messunsicherheit

Das Streumaß s ist die statistische Ausgangsgröße zur Ermittlung der Messunsicherheit [39, 41, 42, 89, 96, 111, 130, 132]. Für normalverteilte Werte ist die *Standardmessunsicherheit des Einzelwerts*

$$u = s \tag{5.3}$$

numerisch gleich der *empirischen Standardabweichung s* der Verteilung[4] [41, 89, 96, 111, 130]. Die *erweiterte Messunsicherheit des Einzelwerts* ist dann

$$U = k \cdot u \tag{5.4}$$

mit dem *Erweiterungsfaktor k*, der den *Vertrauensbereich* vergrößert [41, 89, 96, 111, 130, 145].

---

[4]Auf eine Korrektur [41] zur Berücksichtigung der kleinen Stichprobe wird hier bewusst verzichtet – es geht um das grundlegende Verständnis.

Die Güte der Messung des Bolzendurchmessers mit diesem Messschieber ist nun bekannt. Werden damit unter denselben Bedingungen weitere Messungen durchgeführt, dann ist jeder einzelne Messwert d_i unsicher mit der *Standardmessunsicherheit*

$$u = 0,016\,\text{mm}. \tag{5.5}$$

Im Intervall $[d_i - u, d_i + u] = [d_i - 0,016\,\text{mm}, d_i + 0,032\,\text{mm}]$ erwarten wir den richtigen Wert mit einer Wahrscheinlichkeit von 68,3 %. Mit der *erweiterten Messunsicherheit*

$$U = 2u = 0,032\,\text{mm}. \tag{5.6}$$

und dem höheren Vertrauensniveau von 95,4 % erwarten wir den richtigen Wert im Intervall $[d_i - U, d_i + U] = [d_i - 0,032\,\text{mm}, d_i + 0,032\,\text{mm}]$.

Beachten Sie:

► Alle Berechnungen zur Fortpflanzung von Unsicherheiten werden mit den Standardunsicherheiten durchgeführt.

► Der Übergang von der Standardunsicherheit zur erweiterten Unsicherheit erfolgt – genau wie das Runden – erst im letzten Schritt.

Komplexität reduzieren durch Verdichten der Daten. Durch die Berechnung von Mittelwert m als Maß für den Schwerpunkt (die Lage) und Standardabweichung s als Maß für die Streuung haben wir eine Verdichtung (Reduktion) der Daten vorgenommen. Anstelle der vielen Einzelwerte gehen nur diese beiden Parameter in weitere Analysen ein. Wir haben so die Komplexität reduziert.

Anmerkungen zur Erweiterung der Messunsicherheit. Die Erweiterung der Unsicherheit kann man grundsätzlich weitertreiben. Aber

Achtung: Das höhere Vertrauensniveau bedingt eine größere Unsicherheit. Wenn wir am Ende wissen, dass der richtige Durchmesser unseres Bolzens irgendwo zwischen 0 mm und 34 mm liegt, ist auch nichts gewonnen. Unser Wissen nimmt trotz höheren Vertrauens wieder ab. Bedenken Sie:

▶ In jedem Messwert steckt ein Restrisiko

▶ Die Messunsicherheit bemisst das Restrisiko

▶ Nicht nur Messwerte bergen Risiken

▶ Nur auf bekannte Risiken können Sie eingehen

5.1.3 Unsicherheit von Werten ohne Messunsicherheit

Der *Leitfaden zur Angabe der Unsicherheit beim Messen* (GUM) [89, 130, 133] erlaubt ausdrücklich andere Verfahren (Methode B) als die mehrfache Messung mit anschließender Mittelung (Methode A) zur Ermittlung der Messunsicherheit [89, 130]. Am Beispiel eines Werts, zu dem keine Unsicherheit angegeben ist, soll gezeigt, werden, wie diese abgeschätzt werden kann.

Ausgangspunkt ist die Rundungsstelle des Werts [43, 89, 96]. Nach den Ausführungen auf S. 68 wird das Messergebnis an derselben Stelle gerundet wie die Messunsicherheit. Also suchen wir die Messunsicherheit in derselben Größenordnung wie die niedrigste Zehnerpotenz des angegebenen Werts. Zur Abschätzung müssen wir den Wert der Stelle vor der Rundungsstelle verwenden, denn sonst müsste der angegebene Wert um eine weitere Stelle ergänzt werden.

Ist z nun der Wert der *Stelle vor der Rundungsstelle*, dann sind alle Werte im Intervall $\pm z/2$ um die Rundungsstelle gleich wahrscheinlich. Für diese Gleichverteilung lässt sich die Standardabweichung berechnen [89] und die *Standardunsicherheit* angeben

$$u_z = \frac{z}{2\sqrt{3}} \tag{5.7}$$

Beispiel 5.1 – Unsicherheit gerundeter Werte

Es sei $l = 123{,}4\,\text{mm}$ ohne Messunsicherheit bekannt. Die Stelle vor der Rundungsstelle hat den Wert $z = 1\,\text{mm}$. Es ist dann

$$u_l = \frac{1\,\text{mm}}{2\sqrt{3}} = \frac{1\,\text{mm}}{3{,}464} = 0{,}288\,67\,\text{mm} \approx 0{,}3\,\text{mm}$$

die Unsicherheit des gegebenen Werts. Für diese grobe Abschätzung reicht eine signifikante Stelle der Unsicherheit. Für das Vertrauensniveau 68,3 % lautet damit das vollständige Ergebnis

$$l = 123{,}4(3)\,\text{mm}$$

Zum Vertrauensnivau 95,4 % mit $k = 2$ ist es

$$l = 123{,}4(6)\,\text{mm}$$

Bei ganzzahligen Werten mit Nullen am Ende, ist die Stelle der ersten Null als Rundungsstelle aufzufassen. z hat dann den Stellenwert der letzten, ganz rechts stehenden von Null verschiedenen Ziffer.

Beispiel 5.2 – Unsicherheit ganzzahliger Werte

Bei der Angabe »Zwei Bäume stehen 150 m auseinander«, kann man davon ausgehen, dass die Bäume nicht weniger als 145 m und nicht mehr als 155 m von einander entfernt sind. Der Stellenwert der letzten von Null verschiedenen Ziffer ist hier $z = 10\,\text{m}$. Die Standardunsicherheit ist dann

$$u_d = \frac{10\,\text{m}}{2\sqrt{3}} = \frac{10\,\text{m}}{3{,}464} = 2{,}8867\,\text{m} \approx 3\,\text{m}$$

5.1.4 Fortpflanzung von Unsicherheiten

Direkte und indirekte Messung

Manche Größen können nicht direkt gemessen werden. Stattdessen werden andere Größen gemessen, aus denen dann die gesuchte Messgröße berechnet wird. So wird etwa der Abstand des Mondes von der Erde indirekt über die Laufzeit von LASER-Impulsen gemessen [30]. Auch messen Waagen nicht die Masse eines Körpers direkt, sondern seine Gewichtskraft im Schwerefeld der Erde, die dann über die Federkonstante in seine Masse umgerechnet wird. Solche Messungen heißen *indirekte Messungen.* Diese erkennt man ganz einfach daran, dass die zu messende Größe Ergebnis einer Rechenoperation ist und ihre Werte nicht an der Anzeige eines Messgeräts abgelesen werden können. Werden Werte mit Unsicherheiten durch Funktionen miteinander kombiniert, ist auch der Ergebniswert unsicher [41, 42, 89, 96, 130]. Unsicherheiten pflanzen sich fort.

Moderne Messgeräte nutzen mathematische Operationen und Software zur Erzeugung der Messwerte. Im eigentlichen Sinne handelt es sich auch hier um indirekte Messungen. Solange ein Messgerät jedoch Werte für die zu messende Größe direkt anzeigt oder speichert, verstehen wir dies als *direkte Messung*. Erst wenn die abgelesenen oder aufgezeichneten Werte weiterverarbeitet werden, sprechen wir von einer indirekten Messung. Jede indirekte Messung basiert auf einem mathematischen Zusammenhang[5] zwischen der zu messenden Größe und den gemessenen Größen.

Messfunktion

Die *Messfunktion*

$$m = m(g_1, \ldots, g_j, g_{j+1} \ldots, g_n) \tag{5.8}$$

ist das mathematische Modell der Messung [135]. Sie beschreibt die Abhängigkeit der *zu messenden Ausgangsgröße* m des Modells von den *gemessenen Eingangsgrößen* g_1 bis g_j und von eventuell weiteren *Einflussgrößen* g_{j+1} bis g_n [135]. Jede Eingangsgröße ist unsicher mit ihrer individuellen Standardunsicherheit u_i. Insgesamt gibt es die Unsicherheiten

$$u_1, \ldots, u_j, u_{j+1} \ldots, u_n \tag{5.9}$$

Damit lässt sich die Unsicherheit der Ausgangsgröße m ermitteln.

Anmerkung. Das Begriffspaar »direkt – indirekt« gemessene Größe darf nicht zu wörtlich genommen werden, denn die Eingangsgrößen einer Messfunktion können ja ebenfalls bereits indirekt gemessen worden sein. Betrachten Sie es als andere Bezeichnung für das Paar »Eingangsgröße(n) – Ausgangsgröße«. Eine indirekte Messung kann aus einer Abfolge mehrerer indirekter Messungen bestehen.

---

[5]Dieser Zusammenhang kann auch durch Software realisiert sein, wie z. B. bei einem Koordinatenmessgerät [113, 114].

Messunsicherheit einer indirekt gemessenen Größe

In den meisten Fällen beeinflussen sich die Eingangsgrößen nicht gegenseitig. Sie sind dann nicht korreliert. Unter dieser Voraussetzung erhält man aus der Messfunktion die Standardunsicherheit u_m der Messgröße m durch die *Fortpflanzung der Unsicherheiten*

$$u_m = \sqrt{\sum_{i=1}^{n} c_i^2 u_i^2} \qquad (5.10)$$

nach Gauß [41, 42, 89, 96, 111, 130]. Durch partielle Ableitung der Messfunktion in Glg. (5.8) nach den Eingangsgrößen g_i erhält man genau n Sensitivitätskoeffizienten als Gewichtungsfaktoren für die Unsicherheiten u_i. Der Sensitivitätskoeffizient

$$c_i = \frac{\partial r}{\partial g_i} \qquad (5.11)$$

gibt an, wie stark (empfindlich) die Messfunktion auf eine Änderung der Eingangsgröße g_i reagiert [41, 42, 89, 130]. Entsprechend stark trägt deren Unsicherheit u_i zur Gesamtunsicherheit bei.

Unsicherheit des Mittelwerts

Der arithmetische Mittelwert ist mit hoher Wahrscheinlichkeit die häufigste – und unbewusst – indirekt gemessene Größe. Die Messfunktion ist in diesem Fall die Gleichung

$$m = \frac{1}{n} \sum_{i=1}^{n} x_i \qquad (5.12)$$

x_i sind die (direkt) gemessenen Eingangsgrößen. Sie sind nicht korreliert und haben die Standardmessunsicherheiten u_i. Die partielle Ableitung von Glg. (5.12) gemäß Glg. (5.11) führt zu

$$c_i = \frac{\partial m}{\partial x_i} = \frac{\partial}{\partial x_i} \left(\sum_{i=1}^{n} x_i \right) = \frac{1}{n} \qquad (5.13)$$

Eingesetzt in Glg. (5.10) ergibt dies zunächst

$$u_m = \sqrt{\sum_{i=1}^{n} \left(\frac{1}{n}\right)^2 u_i^2} = \sqrt{\left(\frac{1}{n}\right)^2 \sum_{i=1}^{n} u_i^2} \qquad (5.14)$$

Bei direkt hintereinander oder mit demselben Messgerät unter denselben Bedingungen gemessenen Einzelwerten, kann man davon ausgehen, dass alle Werte dieselbe Unsicherheit haben. Mit $u_i = u$ ist dann $\sum_{i=1}^{n} u_i^2 = \sum_{i=1}^{n} u^2 = n \cdot u^2$ und

$$u_m = \sqrt{\frac{n}{n^2} \cdot u^2} \qquad (5.15)$$

$$u_m = \frac{u}{\sqrt{n}} \qquad (5.16)$$

Entsprechendes gilt auch für die erweiterte (Mess-) Unsicherheit

$$U_m = \frac{U}{\sqrt{n}} \qquad (5.17)$$

Die Gleichungen (5.15) und (5.17) drücken folgendes aus:

▶ Je mehr Werte zu einem Mittelwert verdichtet werden, desto besser ist der Mittelwert festgelegt.

▶ Durch wiederholtes Messen und anschließende Mittelung lässt sich die Unsicherheit verkleinern

Beispiel 5.3 – Unsicherheit des arithmetischen Mittelwerts

Der Mittelwert in Tab. A.1 und Abb. 5.1 wurde aus 18 Werten berechnet. Seine Standardunsicherheit ist deshalb

$$u_m = \frac{15{,}265\,\mu\text{m}}{\sqrt{18}} = 3{,}598\,\mu\text{m} \qquad (5.18)$$

$$\approx 4\,\mu\text{m} \qquad (5.19)$$

Und die mit $k = 2$ erweiterte Unsicherheit ist

$$U_m = 2 \cdot 3{,}598\,\mu m = 7{,}196\,\mu m \qquad (5.20)$$

$$\approx 8\,\mu m \qquad (5.21)$$

Beispiel 5.4 – Unsicherheit eines elektrischen Widerstands

In der nachfolgenden Schaltung wurde der Wert des Widerstands R (indirekt) gemessen. Alle Unsicherheitswerte gehören zu mit $k = 2$ erweiterten Unsicherheiten.

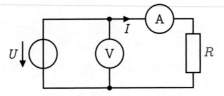

Mit der Spannungsquelle wurde die Spannung

$$U = 20{,}00(19)\,V \qquad (5.22)$$

angelegt. Gemessen wurde dabei der Strom

$$I = 6{,}061(21)\,mA \qquad (5.23)$$

Die Messfunktion $R = R(U, I)$ ist

$$R = \frac{U}{I} = R \cdot I^{-1} \qquad (5.24)$$

Der Wert des Widerstands ist damit

$$R = \frac{20{,}00\,V}{6{,}061\,mA} = 3299{,}7855\,\Omega \qquad (5.25)$$

Gerundet wird erst, wenn der Wert der Unsicherheit bekannt ist. Wir berechnen die Standardunsicherheit. Diese folgt aus Glg. (5.10)

$$u_R = \sqrt{c_U^2 \cdot u_U^2 + c_I^2 \cdot u_I^2} \qquad (5.26)$$

Die Sensitivitätskoeffizienten sind

$$c_U = \frac{\partial R}{\partial U} = \frac{1}{I} \qquad (5.27)$$

$$c_I = \frac{\partial R}{\partial I} = -\frac{U}{I^2} \qquad (5.28)$$

Einsetzen in Glg. (5.26) liefert

$$u_R = \sqrt{\left(\frac{1}{I}\right)^2 u_U^2 + \left(-\frac{U}{I^2}\right)^2 u_I^2} \qquad (5.29)$$

Ausklammern von U^2/I^2 unter der Wurzel ergibt

$$u_R = \sqrt{\left(\frac{U}{I}\right)^2 \left(\frac{u_U}{U}\right)^2 + \left(\frac{u_I}{I}\right)^2} \qquad (5.30)$$

$$= \frac{U}{I} \cdot \sqrt{\left(\frac{u_U}{U}\right)^2 + \left(\frac{u_I}{I}\right)^2} \qquad (5.31)$$

und letztlich

$$u_R = R \cdot \sqrt{\left(\frac{u_U}{U}\right)^2 + \left(\frac{u_I}{I}\right)^2} \qquad (5.32)$$

Division durch R bringt die relative Unsicherheit des Widerstands

$$\frac{u_R}{R} = \sqrt{\left(\frac{u_U}{U}\right)^2 + \left(\frac{u_I}{I}\right)^2} \qquad (5.33)$$

▶ Die relative Unsicherheit des Widerstands ist die Wurzel aus der Summe der Quadrate der relativen Unsicherheiten von Spannung und Strom.

Mit Umrechnung auf die Standardunsicherheiten ergibt das Einsetzen der Werte

$$\frac{U_R}{R} = \sqrt{\left(\frac{0,095\,\text{V}}{20,00\,\text{V}}\right)^2 + \left(\frac{0,0105\,\text{mA}}{6,061\,\text{mA}}\right)^2} \tag{5.34}$$

Alle Einheiten kürzen sich weg, und es bleibt

$$\frac{u_R}{R} = \sqrt{(0,004\,75)^2 + (0,001\,732\,387)^2} \tag{5.35}$$

$$= \sqrt{2,256\,250 \cdot 10^{-5} + 3,001\,166 \cdot 10^{-6}} \tag{5.36}$$

$$= \sqrt{2,556\,367 \cdot 10^{-5}} \tag{5.37}$$

$$= 0,005\,056\,052 \tag{5.38}$$

$$= 0,505\,605\,\% \tag{5.39}$$

Damit wird die Unsicherheit des Widerstands

$$u_R = R \cdot \left(\frac{u_R}{R}\right) = 3299,7855\,\Omega \cdot 0,005\,056\,052 \tag{5.40}$$

$$= 16,6839\,\Omega \tag{5.41}$$

Aufrunden auf zwei signifikante Stellen ergibt mit $k = 2$

$$u_R \approx 17\,\Omega \tag{5.42}$$

$$U_R \approx 34\,\Omega \tag{5.43}$$

Damit wird der Widerstandswert gerundet auf

$$R \approx 3300\,\Omega \tag{5.44}$$

In dieser Darstellung ist die Signifikanz der Stellen zunächst nicht erkennbar, aber das vollständige Ergebnis bring Klärung

$$R = 3300(34)\,\Omega \tag{5.45}$$

Alle vier Stellen des Widerstandswerts sind signifikant. Mit dem SI-Vorsatz kilo (k) lässt sich dies alternativ schreiben als

$$R = 3{,}300(34)\,\text{k}\Omega \tag{5.46}$$

Anhang A.3 betrachtet die Unsicherheit der Amortisationsdauer einer Investition und zeigt exemplarisch die Anwendung des Konzepts auf betriebswirtschaftliche Fragen.

Übereinstimmung oder Gleichwertigkeit von Daten

Die Werte in Abbildung 5.2 streuen, obwohl alle 18 Messungen direkt hintereinander unter denselben Bedingungen richtig durchgeführt wurden. Mit welchem Wert die Messreihe beginnt und endet, ist zufällig. Keiner der Werte ist richtiger oder bedeutsamer als jeder andere. Alle Messwerte sind gleichwertig. Nur mathematisch gleich sind sie nicht. Die numerische Gleichheit zweier Werte $x_i = x_j$ können wir nicht erwarten. Auch sie wäre rein zufällig und entsteht etwa bei Messgeräten, die nur wenige Stellen anzeigen, wie Sie der Tabelle A.1 entnehmen können.

Die Übereinstimmung (Gleichwertigkeit) der beiden Werte x_1 und x_2 mit den Standardunsicherheiten u_1 und u_2, misst die Testgröße *Epsilon*

$$\varepsilon = \frac{|x_1 - x_2|}{\sqrt{u_1^2 + u_2^2}} \tag{5.47}$$

Es gilt

$$\varepsilon \leq 1 : \text{Übereinstimmung} \tag{5.48}$$
$$\varepsilon > 1 : \text{keine Übereinstimmung} \tag{5.49}$$

Im Zähler von ε steht der Abstand der beiden Werte

$$d = |x_1 - x_2|, \qquad (5.50)$$

im Nenner ihre *kombinierte Unsicherheit* [135]

$$u = \sqrt{u_1^2 + u_2^2} \qquad (5.51)$$

Die Testgröße $\varepsilon = d/u$ vergleicht also den Abstand der beiden Werte mit ihrer gemeinsamen, kombinierten Unsicherheit. Sie drückt folgendes aus:

▶ Je größer die kombinierte Unsicherheit zweier Werte ist, desto weiter können Sie entfernt und trotzdem gleichwertig sein.

Beispiel 5.5 – Übereinstimmung von Werten

Zwei Labore haben an demselben Bauteil aus gehärtetem Stahl eine *Vergleichmessung* [39] der Härte mit der *Rockwell-Skala* C (HRC) [67] durchgeführt.

Labor 1 gab die erweiterte Unsicherheit mit $k = 2$ an und dokumentierte in seinem Protokoll $h_1 = (59{,}8 \pm 1{,}1)\,\text{HRC}$. Labor 2 bescheinigte $h_2 = (60{,}5 \pm 0{,}8)\,\text{HRC}$ und notierte die Standardunsicherheit. Stimmen die Werte überein?

Zunächst verkleinern wir die Unsicherheit von Labor 1 auf $u_1 = U_1/2 = 0{,}55\,\text{HRC}$. Damit ist dann

$$\varepsilon = \frac{|h_1 - h_2|}{\sqrt{u_1^2 + u_2^2}} = \frac{|59{,}8\,\text{HRC} - 60{,}5\,\text{HRC}|}{\sqrt{(0{,}55\,\text{HRC})^2 + (0{,}8\,\text{HRC})^2}} \qquad (5.52)$$

$$= 0{,}721\,037 \approx 0{,}72 < 1 \qquad (5.53)$$

Die Ergebnisse sind also gleichwertig.

Hinweise

Dieses Kapitel soll Ihnen einen kurzen und einfachen Einstieg in das Thema der Unsicherheiten und deren Auswirkungen (Fortpflanzung) geben. Die Abhandlung basiert deshalb durchgehend auf der Annahme normalverteilter, nicht korrelierter Daten und ausreichend großer Stichproben.

Bevor Sie die hier beschriebenen Verfahren bei der Auswertung Ihrer Daten anwenden, müssen Sie die Gültigkeit dieser Annahmen in jedem Einzelfall überprüfen. Hierzu gibt es

► Tests auf Normalverteilung [26, 150, 183]

► Tests auf Korrelation [183]

► Tests auf Ausreißer [183]

► Korrekturen für kleine Stichproben [14, 41, 42, 56–58, 118, 183][6]

Sollten die getroffenen Annahmen nicht zutreffen, müssen Sie zunächst die Ursache(n) dafür klären. Die Hauptursachen für eine Abweichung der Streuung von der Normalverteilung sind oft:

► Die sonstigen Einflussgrößen waren nicht konstant genug

► Die Messung wurde nicht richtig durchgeführt

► Die Daten streuen grundsätzlich nicht normalverteilt

Abhängig davon müssen Sie Korrekturmaßnahmen durchführen [183]. Sowohl bei Korrelation der Daten als auch bei Abweichungen von der Normalverteilung müssen Sie die hierfür geeigneten statistischen Verfahren anwenden [183]. Beachten Sie:

► Nicht jeder Wert, der »etwas mehr« vom Mittelwert abweicht, ist ein Ausreißer.

► Je mehr Werte gemessen wurden, desto mehr Werte liegen naturgemäß weiter weg vom Mittelwert.

---

[6]DIN 53804-1 wurde leider 2018-11 zurückgezogen

5.2 Produkte, Prozesse, Verfahren bewerten

5.2.1 Grundlagen der Konformitätsbewertung

Geht es in Ihrer Arbeit um die Frage, inwiefern ein Produkt, ein Produktionsverfahren, ein Messgerät, ein Messverfahren oder ein Unternehmensprozess [163] festgelegte Anforderungen erfüllt? Dann ist dies eine Frage zur *Konformität* [59, 74]. Hierauf erhalten Sie Antworten durch *Konformitätsbewertungen* [68, 74, 82]. Das sind *Prüfungen* oder *Tests* [68].

Konformitätsbewertungen sind Soll-Ist-Vergleiche und ruhen auf zwei Säulen: den *Anforderungen* (Soll) und den *Ergebnissen* (Ist) am oder vom untersuchten Objekt (siehe Abb. 5.3). Anforderungen an ein Produkt oder einen Prozess setzen sich zusammen aus den Einzelanforderungen an die Merkmale des Produkts oder Prozesses. Wie aus der Erfüllung oder Nichterfüllung einzelner Merkmale auf die Gesamterfüllung der Produkt- oder Prozessanforderungen geschlossen wird, kann im konkreten Fall sehr komplex sein. Dies hängt u. a. ab vom jeweiligen Objekt, seinem Einsatzzweck und den damit verbundenen Risiken. Weitere Ausführungen hierzu würden den Rahmen dieses Leitfadens sprengen.

Grundlagen und Methodik von Konformitätsbewertungen behandeln die Quellen [65, 69–72, 82, 95, 119, 145]. Um die Leistungsfähigkeit von Prozessen geht es in den Dokumenten [83, 85–87]. Bewertung und Verbesserung von Prozessen ist Gegenstand des Six-Sigma-Ansatzes [33, 121, 122, 151, 159, 166, 186]. Die Richtlinie VDI 2600-1 [204] betrachtet die Beurteilung von Prüfprozessen. In der Normenreihe DIN ISO 5725 geht es um die Bewertung und den Vergleich unterschiedlicher Labore[7] [76–81, 88].

---

[7]Das können auch Labore in einem Unternehmen sein, etwa an verschiedenen

Prüfung und Test. Eine Prüfung stellt fest, inwieweit ein Produktmerkmal seine Anforderungen erfüllt [68]. Ein Test[8] bewertet die Eignung eines Produkts für einen Gebrauchs- oder Anwendungszweck [68]. Steht ein Prozess im Mittelpunkt der Untersuchung, geht es um dessen *Fähigkeit*, festgelegte Ergebnisse zu erzielen, oder um seine *Eignung* für eine bestimmte Anwendung [68, 204]. Mögliche *Prüfungsarten*, wie *100-%-Prüfung*, *Endprüfung*, *Selbstprüfung*, *Bauartprüfung*, *Zuverlässigkeitsprüfung* uvm. erklärt [59]. Es gibt zwei Gruppen von Prüfungen: *Variablenprüfungen* und *Attributprüfungen*[9].

Bei allen Prüfungen ist die Eignung des Prüfprozesses abzusichern [32, 204–207].

Anforderung und Spezifikation. Anforderungen teilen sich in *Erfordernisse* und *Erwartungen* [68]. Erstere sind explizit formuliert, zweitere werden implizit vorausgesetzt und sind nicht kommuniziert. Anforderungen, die mit Sollwert und einem *Bereich zulässiger Abweichungen* (Toleranzbereich) festgelegt sind, heißen in diesem Leitfaden *Spezifikation*[10].

Entscheidungsregeln legen fest, wie die Übereinstimmung oder die Nichtübereinstimmung mit der Spezifikation festgestellt wird. Prototypisch hierfür, wenn auch nicht unumstritten [145], sind die Normen der Reihe ISO 14253 [65, 69–72]. Wichtig ist, dass die *Entscheidungsregeln*

Stellen an einem Standort oder an unterschiedlichen Standorten

[8]als besondere Form einer Prüfung

[9]Je ein Beispiel für die beiden gibt [55]

[10]Nach DIN EN ISO 9000 ist die Spezifikation (en: specification) ein »Dokument, das Anforderungen festlegt« [68]. DIN ISO 22514-1 übernimmt diese Definition und führt direkt danach den Grenzwert (en: specification limit) ein [83]. Das passt nicht zusammen. Wie kann ein Dokument einen Grenzwert haben?

▶ eindeutig sind

▶ vor einer Prüfung vereinbart und schriftlich fixiert sind

Wenn möglich, sollten sie auf einem mathematischen Modell beruhen. Das vereinfacht die automatisierte Entscheidung.

5.2.2 Variablenprüfungen

Variablenprüfungen bewerten *kontinuierliche Merkmale*. Sie führen zunächst zu einem Messergebnis, das dann durch Anwendung von Entscheidungsregeln mit der zugehörigen Spezifikation verglichen wird [32]. Am Ende dieses Vergleichs entsteht der *Prüfentscheid*: Annahme oder Rückweisung. Eine Variablenprüfung liefert also nicht nur das Ergebnis *ob* die Spezifikation eingehalten wurde, sondern auch *wie gut*. Ein kontinuierliches Merkmal kann im Prinzip alle möglichen Werte der Messgröße annehmen [32].

Modell der Variablenprüfung. Abbildung 5.3 verdeutlicht die Variablenprüfung für ein einzelnes, kontinuierliches Merkmal[11]. Dessen mögliche Werte bezeichnet das Symbol[12] x. Aus dem Sollwert x_s und der Toleranz t folgt die Spezifikation[13]

$$X_s = x_s \pm \frac{t}{2} \tag{5.54}$$

Mit dieser Anforderung wird das Messergebnis

$$M = m \pm u \tag{5.55}$$

---

[11]Die Pfeile (⟶) in der Abbildung bedeuten »*geht ein in*« oder »*führt zu*«.

[12]Für ein konkretes Merkmal nehmen Sie ein »*sprechenderes*« Symbol: etwa d für einen Durchmesser, l für eine Länge, I für einen elektrischen Strom oder T für eine (absolute) Temperatur

[13]Sollwert und Toleranz sind oft indirekt spezifiziert durch Grenzabweichungen, die sich auf einem Nennwert beziehen. Beide Formen sind gleichwertig.

verglichen. Dabei werden vereinbarte Entscheidungsregeln angewendet, z. B. die der Normenreihe DIN EN ISO 14253 [65, 69–72]
oder ähnliche [95, 119, 145]. Die Spezifikation gilt als eingehalten,
wenn das Messergebnis die Bedingungen der Entscheidungsregel
für *Konformität* erfüllt. Wesentlicher Parameter ist hierbei (wiederum) die Messunsicherheit. Sie geht einerseits als Größe in die
Entscheidungsregeln ein und mit ihrem Wert in das Messergebnis
und den anschließenden Vergleich. Entsprechendes gilt für die Toleranz.

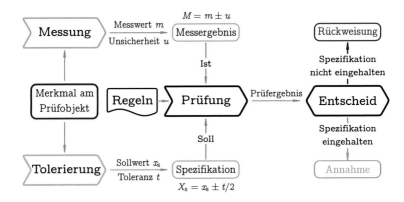

Abbildung 5.3: Modell der Variablenprüfung eines beidseitig
begrenzten, kontinuierlichen Merkmals. Die Prüfung ist ein
Soll-Ist-Vergleich mit vereinbarten Entscheidungsregeln. Das
Prüfergebnis führt zum Prüfentscheid: Annahme oder Rückweisung

5.2.3 Attributive Prüfungen

Attributive Prüfungen bewerten *qualitative Merkmale*, die nur nominale Werte, wie *roh – halbgar – gar, gut – schlecht* oder *warm – kalt* annehmen können. Solche Prüfungen werden entweder *subjektiv* mit den menschlichen Sinnen oder *objektiv* mit Lehren [40] durchgeführt [32]. Auch hierfür braucht es Entscheidungsregeln.

Modell der Attributprüfung. Die Attributprüfung ist modellhaft in Abb. 5.4 dargestellt. Als Beispiel dient die Lehrenprüfung eines beidseitig begrenzten, kontinuierlichen Merkmals. Die zu benutzende *Lehre* folgt aus der Spezifikation und dem Prüfmerkmal. Die Lehre verkörpert das Soll [40]. Das Prüfmerkmal ist realisiert am Prüfobjekt und geht direkt in die Prüfung ein.

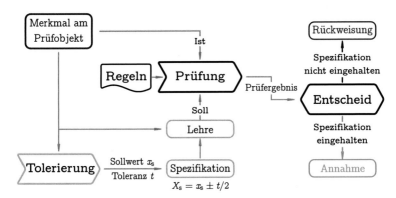

Abbildung 5.4: Modell der Attributprüfung für die Lehrenprüfung eines beidseitig begrenzten Merkmals. Aus der Spezifikation und dem Prüfmerkmal leitet sich die erforderliche Lehre ab. Diese verkörpert das Soll. Das Prüfmerkmal geht als Ist direkt in die Prüfung ein

Beispiel 5.6 – Indirekte Festlegung von Sollwert und Toleranz

Ein Bohrungsdurchmesser sei spezifiziert mit $25^{+0,01}_{-0,03}$ mm. Der Nenndurchmesser ist hier $d_n = 25$ mm mit der unteren Grenzabweichung $t_1 = -0,03$ mm und der oberen Grenzabweichung $t_2 = +0,01$ mm. Die Toleranz ist $t = t_2 - t_1 = 0,04$ mm. Der Solldurchmesser $d_s = d_n + (t_1 + t_2)/2 = 24,99$ mm ist identisch mit dem Mittenwert d_m. Die gleichwertige symmetrische (direkte) Darstellung von Solldurchmesser und Toleranz ist damit $D_s = 24,99^{\pm 0,02}$ mm.

Merkmalsprüfung. In den meisten Fällen werden die Eigenschaften einzelner *Merkmale* von Produkten gemessen oder geprüft, nur wenige Messungen oder Prüfungen erfolgen am Produkt als Ganzes. Manche Merkmale sind (erst) am vollständigen Produkt realisiert, etwa seine Masse, sein Volumen, seine Wärme- oder Lärmemission. Merkmale, die Anforderungen erfüllen müssen, heißen Qualitätsmerkmale [68].

Produktprüfung. Die Prüfung eines Produkts umfasst die Prüfung aller oder einer geeigneten Auswahl seiner Merkmale und das Prüfergebnis für das Produkt. Wie aus den Prüfergebnissen der Merkmale das Prüfergebnis und der Prüfentscheid für das Produkt erzeugt wird, legt eine auf das Produkt bezogene Entscheidungsregel fest. Sofern eine solche nicht verfügbar ist, müssen Sie diese selbst ausarbeiten.

Geht nur eine Auswahl der Produktmerkmale in die Produktprüfung ein, ist diese Auswahl ein kritischer Faktor. Achten Sie darauf, dass Sie sowohl für die in die Prüfung einbezogenen Merkmale als auch für die nicht betrachteten eine Begründung formuliert haben.

▶ Machen Sie eine Liste aller Produktmerkmale, priorisieren Sie diese und halten Sie die Begründung für das Einbeziehen oder das Weglassen bei der Produktprüfung schriftlich fest.

So können Sie später nachvollziehen, warum Sie so gehandelt haben und Ihre Auswahl an Erkenntnisse und Bedarfe anpassen.

Üblicherweise erfüllt ein Produkt als Ganzes nur dann seine Anforderungen, wenn mindestens alle Einzelmerkmale ihre Anforderungen erfüllen. Ist q_i ($i = 1 \ldots n$) der Grad, mit das Qualitätsmerkmal i seine Spezifikation erfüllt, dann ist der Erfüllungsgrad für das Gesamtprodukt

$$Q = \sqrt[n]{\prod_{i=1}^{n} q_i} \qquad (5.56)$$

Beispiel 5.7 – Merkmals- und Produktprüfung

Länge, Breite, Höhe, Masse und Oberflächenbeschaffenheit sind Merkmale eines Tisches. Gibt es bei einem konkreten Produkt spezifizierte Anforderungen für diese Merkmale, dann sind das dessen Qualitätsmerkmale. Überwachen Sie diese an mehreren hergestellten Tischen, dann sind das Merkmalsprüfungen.

Schließen Sie, z. B. mit Glg. (5.56), aus den Prüfergebnissen der fünf Qualitätsmerkmale auf die Güte des Tisches als Ganzes, dann ist das die Produktprüfung.

Hinweis. Umgangssprachlich werden merkmals- und produktbezogene Messungen oder Prüfungen oft nicht klar unterschieden.

▶ Passen Sie auf. Klären Sie, was gemeint ist.

5.2.4 Eignung von Prozessen

Prozesse müssen für die jeweilige Aufgabe geeignet sein [33, 83]. In herstellenden Unternehmen kommen sie in drei Kategorien vor: *Mess- und Prüfprozesse*, *Produktionsprozesse* sowie *administrative Prozesse*. Für jede Kategorie gibt es eigene Methoden der Eignungsbewertung [83]. Übergreifend bedeutet Eignung einfach gesagt: Der Anteil der Prozessergebnisse, die zu weit vom Sollwert abweichen, ist hinreichend klein.

Die Verfahren zur Leistungs- und Fähigkeitsbewertung von Prozessen, deren Lage- und Streuparameter auch zeitabhängig sein können, sind ausführlich beschrieben in [32, 33, 83–87]. Wir gehen hier nur auf die elementaren Zusammenhänge ein.

Mess- und Prüfprozesse

Ein Prüfverfahren ist dann gut, wenn es mit hoher Trennschärfe gute und schlechte Prüflinge voneinander unterscheidet. Die Fehlleistung eines Prüfprozesses ist eine *Fehlentscheidung*. Zwei Arten sind möglich [33, 145, 162]:

▶ **Fehler 1. Art**: Ein Merkmal oder Produkt, das seine Spezifikation nicht erfüllt, wird angenommen.

▶ **Fehler 2. Art**: Ein Merkmal oder Produkt, das seine Spezifikation erfüllt, wird zurückgewiesen.

Die beiden Fehlerarten sind nicht gleichwertig. Ein Fehler erster Art kann neben dem wirtschaftlichen Schaden zu Sach-, Umwelt- und Personenschäden erheblichen Ausmaßes einschließlich Tod führen. Ein Fehler zweiter Art hat »nur« einen – möglicherweise auch großen – wirtschaftlichen Schaden zur Folge. Die Wahrscheinlichkeit für Fehler erster Art ist deshalb zu minimieren.

Die Grundlagen zur Beurteilung von Prüfprozessen sollen hier anhand der Messprozesse für Variablenprüfungen vermittelt wer-

5 Messen, Bewerten, Experimentieren

den[14]. Bei diesen entsteht das Prüfergebnis nach dem Modell in Abb. 5.3 aus dem Vergleich von Messwert m und Messunsicherheit u mit Sollwert x_s und Toleranz t. Ein Messprozess ist immer so zu betreiben, dass die Auswirkungen systematischer Einflüsse korrigiert sind und die Messwerte nur noch zufällig um ihre richtige mittlere Lage streuen [41, 87, 89, 130, 204]. Die Güte eines Messprozesses ist dann vollständig durch charakterisiert seine Messunsicherheit

$$u_g = \sqrt{u_s^2 + u_w^2}, \tag{5.57}$$

die sich aus zwei Beiträgen zusammensetzt [31, 32, 87]:

▶ der *Unsicherheit des Messsystems* u_s
bei der Anwendung *an einem Normal*[15]
▶ der *zusätzlichen Unsicherheit* u_w
bei der Anwendung *am Prüfobjekt* (Werkstück)

Aus Glg. (5.57) folgt

$$u_g = u_s \sqrt{1 + \left(\frac{u_w}{u_s}\right)^2} > u_s, \tag{5.58}$$

denn $u_w > 0$ gilt immer – bei der Anwendung am Prüfobjekt unter realen Bedingungen lassen sich zusätzliche Unsicherheitsbeiträge nicht vermeiden. Es ist also stets

$$\frac{u_g}{u_s} > 1. \tag{5.59}$$

Die Ermittlung der Unsicherheit u_g erfolgt in zwei Phasen [31, 87]:

▶ **Phase 1 – Messsystemanalyse**: ergibt u_s
▶ **Phase 2 – Messprozessanalyse**: ergibt u_w und u_g

---

[14]Zur Fähigkeitsbewertung von Attributprüfungen sei verwiesen auf [32, 87, 201].
[15]oder Referenzobjekt

Details hierzu erläutern die Quellen [31, 32, 87, 204, 206, 207]. Abbildung 5.5 fasst die Messprozessanalyse zusammen. *Phase 1* liefert die Unsicherheit u_s, die sich aus der Spezifikation des Messgeräts ermitteln lässt oder aus seiner Anwendung an einem Normal ergibt. Wenn damit die Forderung $c_\text{s} \geq c_\text{s}^\text{min}$ erfüllt ist, wird in *Phase 2* die Gesamtunsicherheit u_g unter Anwendungsbedingungen am Produkt ermittelt, für die dann $c_\text{g} \geq c_\text{g}^\text{min}$ sein muss [31, 87].

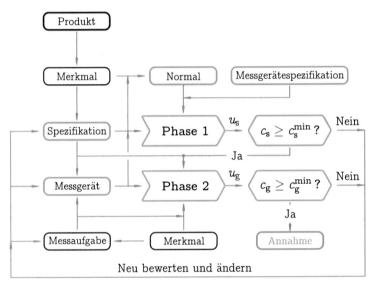

Abbildung 5.5: Messprozessanalyse nach DIN ISO 22514-7. Erfüllt der Fähigkeitsindex die Bedingung $c_\text{g} \geq c_\text{g}^\text{min}$ wird der Messprozess freigegeben [31, 87]. Details im Text

Zur Feststellung, inwieweit ein Messprozess für die Variablenprüfung geeignet ist, sind vier Kenngrößen definiert [87]: Die *Fähigkeitsverhältnisse*

$$q_\text{s} := \frac{u_\text{s}}{t/2} \quad \text{und} \quad q_\text{g} := \frac{u_\text{g}}{t/2} \tag{5.60}$$

und die *Fähigkeitsindizes*

$$c_s := 0{,}6 \cdot \frac{t/2}{3u_s} \quad \text{und} \quad c_g := 0{,}6 \cdot \frac{t/2}{3u_g}. \tag{5.61}$$

Der untersuchte Messprozess ist geeignet[16], wenn

$$q_g \leq q_g^{max} = 0{,}15 \quad \text{oder} \quad c_g \geq c_g^{min} = 1{,}33 \tag{5.62}$$

und vorher

$$q_s \leq q_s^{max} = 0{,}075 \quad \text{und} \quad c_s \geq c_s^{min} = \frac{u_g}{u_s} c_g^{min} \tag{5.63}$$

Sind die Fähigkeitsindizes c_s und c_g zu klein, müssen Sie ...

► Messaufgabe, Messgerät und Spezifikation neu bewerten,

► je nach technischen und wirtschaftlichen Möglichkeiten ändern,

► die Anwendungsbedingungen bewerten und verbessern.

Hierzu gehören auch Anleitung und Training der Mitarbeiter. Zusammenfassend gilt:

► Die Eignungsbewertung eines Messprozesses besteht immer aus dem Vergleich seiner Messunsicherheit mit der Toleranz des Qualitätsmerkmals.

Die Begründung hierfür mit weiterführenden Betrachtungen zur Leistungs- und Fähigkeitsbewertung von Messprozessen finden sich in [31–33, 87, 201, 204].

Beispiel 5.8 – Fremde Symbole anpassen – Kritik an Quellen

Dieser Abschnitt zeigt Ihnen, wie Sie

► Begriffe und Symbole aus Quellen an Ihre Arbeit anpassen

► konstruktive Kritik an Quellen begründen und formulieren

► die Kritik durch einen eigenen Vorschlag auflösen

---

[16]Siehe Anmerkung zur DIN ISO 22514-7 auf S. 99

Anmerkungen zur DIN ISO 22514-7.

Beachten Sie folgende Unstimmigkeiten[17] des Normentwurfs [87] aus dem Jahr 2020:

▶ Das Fähigkeitsverhältnis $Q_{\mathrm{MP}} := U_{\mathrm{MP}}/(t/2)$ ist definiert über die erweiterte Messunsicherheit mit der Bedingung $Q_{\mathrm{MP}} \leq 30\,\%$.

▶ Dagegen basieren die Fähigkeitsindizes $C_{\mathrm{MS}} := 0{,}3 \cdot t/(6u_{\mathrm{MS}})$ und $C_{\mathrm{MP}} := 0{,}3 \cdot t/(3u_{\mathrm{MP}})$ auf der Standardmessunsicherheit mit den Anforderung $C_{\mathrm{MS}} \geq 1{,}33$ und $C_{\mathrm{MP}} \geq 1{,}33$.

▶ Bild 1 der Norm verlangt $Q_{\mathrm{MP}} < Q_{\mathrm{MP}}^{\max}$. Im Text ist dann $Q_{\mathrm{MP}} \leq 30\,\% \Longleftrightarrow q_{\mathrm{g}} \leq 0{,}15$ gefordert.

▶ Im Gegensatz zu den Fähigkeitsverhältnissen sind die Fähigkeitsindizes C_{MS} und C_{MP} unterschiedlich, mit dem festen Verhältnis $u_{\mathrm{g}}/u_{\mathrm{s}} = 2$ definiert, aber mit gleichen Mindestwerten.

▶ In der Praxis ist das Verhältnis $u_{\mathrm{g}}/u_{\mathrm{s}}$ nicht bei allen Messprozessen identisch. Dies kann dazu führen, dass $c_{\mathrm{g}} > c_{\mathrm{s}}$, obwohl $u_{\mathrm{g}} > u_{\mathrm{s}}$. Das ist schwer verständlich, denn je größer der Wert eines Fähigkeitsindex, desto besser ist der zugehörige Prozess. Ein besserer Messprozess hat aber eine kleinere Unsicherheit. Dies ist ein Widerspruch.

▶ Die formal gleiche Definition von c_{s} und c_{g} in diesem Leitfaden vermeidet den möglichen Widerspruch (siehe Abb. 5.6.

Die Bedingungen der Glgn. (5.62) und (5.63) folgen dem Text der Norm. Zu Gunsten besserer Lesbarkeit, verzichtet dieser Leitfaden auf komplexe Indizes. Hierin bedeuten $u_{\mathrm{g}} = u_{\mathrm{MP}}$ und $U_{\mathrm{g}} = U_{\mathrm{MP}}$.

---

[17]Sollten spätere Ausgaben der Norm diese beheben, sind die hier gemachten Anmerkungen hinfällig

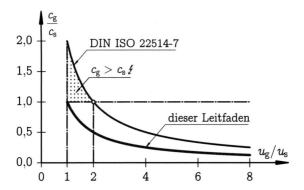

Abbildung 5.6: Verhältnis c_g/c_s der Fähigkeitsindizes von Messprozess und Messgerät in Abhängigkeit des Verhältnisses u_g/u_s der Unsicherheiten nach DIN ISO 22517-7 und für die Definition in diesen Leitfaden. Im Intervall $1 \leq u_g/u_s \leq 2$ ist nach der Norm $c_g > c_s$, obwohl die Unsicherheit $u_g > u_s$

Kleinste prüfbare Toleranz.

Die Definition der Fähigkeitskenngrößen mit den Anforderungen der Glgn. (5.62) und (5.63) bedingt eine *kleinste prüfbare Toleranz* [31]. Für einen fähigen Messprozess ist diese

$$t_{\min} = 13{,}33 \, u_g. \tag{5.64}$$

Dieser Wert ist nur ein Drittel größer als der, der sich nach der rund 100 Jahre alten *Goldenen Regel* ergibt [11, 137].

Die Goldene Regel der Messtechnik lautet nach BERNDT [11]:

»Die Meßunsicherheit soll im allgemeinen $1/10$,
im äußersten Fall $1/5$ der Toleranz nicht überschreiten«

Sie formuliert damit die Grenzbedingung

$$\frac{u_{\mathrm{g}}}{t} \leq \frac{1}{10}. \tag{5.65}$$

Hieraus ergibt sich die kleinste prüfbare Toleranz

$$t_{\min}^{\mathrm{GR}} = 10\, u_{\mathrm{g}}. \tag{5.66}$$

Für das Fähigkeitsverhältnis q_{g} bedeutet das

$$q_{\mathrm{g}} = \frac{u_{\mathrm{g}}}{t/2} \leq 0{,}2. \tag{5.67}$$

Produktionsprozesse

Mit derselben Methodik lassen sich Produktionsprozesse bewerten. Wir betrachten wieder ein *beidseitig begrenztes Merkmal.*

Mit dem zu beurteilenden Produktionsprozesses werden statistisch ausreichend viele dieser Merkmale an einem Bauteil hergestellt. Deren Lagemaß m_{p} und Streumaß s_{p} werden mit dem Sollwert x_{s} und der Toleranz t des herzustellenden Merkmals verglichen [33, 83, 85]. Abgeleitet aus [85] dienen als Testgrößen[18] der *Prozessfähigkeitsindex*

$$c_{\mathrm{p}} := \frac{t/2}{3 s_{\mathrm{p}}} \tag{5.68}$$

und der *kleinste Prozessfähigkeitsindex*

$$c_{\mathrm{pk}} := \left(1 - \frac{|m_{\mathrm{p}} - x_{\mathrm{s}}|}{t/2}\right) c_{\mathrm{p}}. \tag{5.69}$$

Ein Produktionsprozess ist *geeignet*, wenn

$$c_{\mathrm{p}} \geq c_{\mathrm{p}}^{\min} = 2{,}0 \tag{5.70}$$

---

[18]Das Paar $(c_{\mathrm{p}}, c_{\mathrm{pk}})$ heißt manchmal auch (*Prozesspotentialindex, Prozessfähigkeitsindex*), (*Prozesspotential, Prozessfähigkeit*) oder (*Prozessfähigkeitsindex, kritischer Prozessfähigkeitsindex*).

und *fähig*, wenn

$$c_{pk} \geq c_{pk}^{min} = 1{,}5. \qquad (5.71)$$

Gleichung (5.69) zeigt:

► $c_{pk} \leq c_p$ gilt immer

► $m_p = x_s$, Prozesslage trifft den Sollwert: $c_{pk} = c_p$

► $m_p = x_s \pm t/2$, Prozesslage trifft eine Toleranzgrenze: $c_{pk} = 0$

► Prozesslage ist außerhalb des Toleranzbereichs: $c_{pk} < 0$.

BREDNER erklärt das »k« im Prozessfähigkeitsindex c_{pk} mit dem japanischen Wort »katayori« für »Mitte« [21]. Es steht damit für einen auf den Sollwert zentrierten Prozess.

Prozesslenkung Prozessbewertung hat das Ziel, das aktuelle Leistungsniveau eines Prozesses zu kennen, ihn zu verbessern[19] und langfristig auf Zielkurs zu halten (zu beherrschen). Das alles gehört zur *statistischen Prozesslenkung* (SPC) [180]. Wie dabei Software[20] unterstützen kann, behandelt [22]. Die Quellen [33, 83, 85, 121, 122, 173, 186, 198] helfen bei der Vertiefung.

Die in diesem Leitfaden vorgestellten Konzepte basieren auf großen Stückzahlen identischer Produkte, Merkmale und Prozessdurchläufe, wie Sie in der Serien- oder Massenproduktion vorkommen. Einzel- und Kleinserienproduktion erfüllt diese Bedingung nicht [25]. Trotzdem müssen auch hier Mess-, Prüf- und Produktionsprozesse qualifiziert sein. Fähigkeitsbewertung und Lenkung von Prozessen der Kleinserienproduktion behandeln die Quellen [2, 149, 167, 178, 188].

---

[19]Nur selten ist nichts zu tun.
[20]Minitab [152] und R [170]

Administrative Prozesse

Das Konzept der Fähigkeitskenngrößen zur Leistungsbewertung lässt sich auch auf administrative Prozesse übertragen [104].

5.3 Versuche planen und durchführen

5.3.1 Einführung in die Statistische Versuchsplanung

Müssen Sie in Ihrer Arbeit *Versuche*[21] durchführen? Oder müssen Sie die beste Einstellung mehrerer Parameter finden, sodass eine davon abhängige Ergebnisgröße maximal (minimal) wird. Wollen Sie dabei schnell und effektiv zu vorgehen? *Design of Experiments* (*DoE*) oder die *Statistische Versuchsplanung* bringt Sie auf dem kürzestem Weg ans Ziel [3, 33, 100, 139, 185]. Aber von vorne:

▶ Versuche beantworten Fragen.

Der wichtigste Schritt *vor* einem Versuch ist also, eine oder mehrere Fragen so zu stellen, dass sie mit den anschließenden Messungen überhaupt beantwortet werden können. Mögliche Fragen sind:

▶ Wie wirken Stell- und Störgrößen auf eine Zielgröße?

▶ Welche Kombination welcher Maschineneinstellungen führt zum gewünschten Prozessergebnis?

▶ Wie lässt sich ein Produkt oder ein Prozess robust gestalten?

▶ Wie stark dürfen bestimmte Störgrößen variieren ohne merklichen Einfluss auf ein System?

Versuche werden eingesetzt bei folgenden Aufgaben [139]:

▶ Produktentwicklung – Produktoptimierung

▶ Prozessentwicklung – Prozessoptimierung

▶ Produktauswahl – Produktbeobachtung

---

[21]Sie können auch *Experimente* sagen.

▶ Experimente zu naturwissenschaftlichen Grundlagen

Denken Sie daran:

▶ Versuche müssen immer in endlicher Dauer und mit endlichen
Mitteln durchgeführt werden.

System, Stellgrößen, Störgrößen

Mit dem Begriff System fassen wir alle möglichen Untersuchungs-
objekte zusammen. Ein *System* (Abb. 5.7) ist ein *zweckdienlicher*
Teil des Universums, der durch eine festgelegte *Systemgrenze* von
seiner *Umgebung* unterschieden wird [176]. Durch das Abgrenzen
des interessierenden Systems schaffen wir gleichzeitig die Umgebung als zweites System:

▶ System und Umgebung stehen in Wechselbeziehung

▶ Die Systemgrenze muss bewusst festgelegt werden

Es wirken auf der *Eingangsseite Stell-* und *Störgrößen*. *Aus-
gangsseitig* antwortet es mit *Wirkungen* und *Nebenwirkungen*.[22]

Stellgrößen sind die Größen eines Systems, die absichtlich ver-
ändert werden, um am oder mit dem System eine gewünschte Wirkung zu erzielen [146]. Bei Versuchen oder der Anwendung eines
Systems kann es zwei Gruppen geben: Stellgrößen, die konstant gehalten werden, und Stellgrößen, die gezielt variiert werden. Letztere
heißen in der Statistischen Versuchsplanung *Faktoren* [146, 185].

Störgrößen sind nicht oder kaum beeinflussbare, von außen auf
ein System einwirkende Größen [146]. Auch bei den Störgrößen
kann es welche geben, die aktiv konstant gehalten werden[23], und
andere, auf die nicht eingewirkt werden kann.

---

[22]Das Begriffspaar *Wirkung – Nebenwirkung* hat nur aus der menschlichen
Zweckperspektive einen Sinn. Was meinen Sie?

[23]z. B. die Umgebungstemperatur bei Längenmessungen

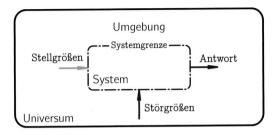

Abbildung 5.7: Ein System ist ein Teil des Universums, den die Systemgrenze von der Umgebung trennt [176]. Es antwortet auf die *Stell-* und *Störgrößen* [66, 185]

Das System reagiert auf die aktuellen Werte der Stell- und Störgrößen sowie ihre zeitlichen Änderungen oder räumlichen Unterschiede. Die Antwort besteht aus der gewünschten Wirkung und unerwünschten, oft nicht vermeidbaren Nebenwirkungen [185, 191], zeitlich betrachtet auch in Abnutzung und Verschleiß.

Beispiel 5.9 – Stellgrößen, Störgrößen, Systemantworten

Wir betrachten einen Pkw. *Stellgrößen* sind u. a. Sollgeschwindigkeit, Lenkradstellung. Mit dem Tempomat wird die Geschwindigkeit konstant gehalten, nur noch Lenkradstellung ist variabel. *Störgrößen* sind Wind, Straßenoberfläche u. v. m. *Systemantworten* sind Geschwindigkeit und Fahrtrichtung als gewünschte Effekte, u. a. Geräusche und Schadstoffausstoß als Nebenwirkungen.

Robustheit Ein Produkt oder Prozess ist dann robust, wenn die Störgrößen wenig Auswirkung auf das Produktverhalten oder die Prozessergebnisse haben [139, 191].

Beispiel 5.10 – Ein Flugzeug als robustes Produkt

Die Temperatur der Außenluft darf über einen großen Bereich kaum Einfluss auf das Betriebsverhalten eines Flugzeugs haben.

5.3.2 Eine typische Aufgabe

Abbildung 5.8 zeigt beispielhaft eine mögliche Aufgabenstellung: Die Zielgröße z hängt ab von zwei Parametern a und b. Unbekannt ist jedoch, wie genau. Es ist herauszufinden, welche von den drei Situationen zutrifft und auf welche Werte a und b eingestellt werden müssen, damit z das Maximum erreicht. Die Diagramme der

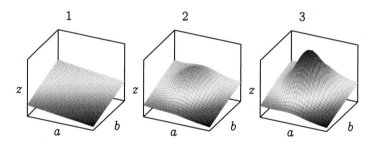

Abbildung 5.8: Die Aufgabe: Die Abhängigkeit der Zielgröße z von den Einflussgrößen a und b ist herauszufinden. Welche Situation trifft zu: 1, 2 oder 3?

Abbildung sollen Ihnen helfen, sich die Aufgabe vorzustellen. In der Praxis gäbe es sie noch nicht. Sie wären das Versuchsergebnis.

Beispiel 5.11 – Eine typische Fragestellung

Wir betrachten einen Hefeteig: Die Menge an Hefe, Salz, Zucker, Fett und Eigelb beeinflusst die Gär- und Backeigenschaften eines Hefeteigs [128].

▶ Welche Anteile braucht ein guter Teig für Streuselkuchen?

Um hier über Versuche zu einer Antwort zu kommen, müssen Sie die Anzahl der frei variierbaren Parameter einschränken, zunächst auf maximal zwei oder drei, etwa Salz, Fett und Eigelb. Die restlichen Parameter werden auf konstante Werte eingestellt.

5.3.3 Versuchsstrategien

Zur Versuchsdurchführung gibt es mehrere Vorgehensweisen, die sich jeweils einer der folgenden vier Gruppen zuordnen lassen [139]:

▶ Intuitives Experimentieren
▶ Einfaktorversuche
▶ Rasterversuche
▶ Versuche mit statistischem Versuchsplan

Vor- und Nachteile der Versuchsstrategien sind in [139] beschrieben. *Intuitives Experimentieren* birgt besonders die Gefahr schwer abschätzbaren Aufwands bei gleichzeitig hohem Risiko, kein brauchbares Ergebnis zu erhalten. Der Parameterraum wird unsystematisch abgesucht. Es ist Zufall, wenn die richtige Parameterkombination getroffen wird. *Einfaktorversuche* gehen zwar systematisch vor, untersuchen aber einen großen Teil des Parameterraums nicht. Dagegen decken *Rasterversuche* den gesamten Parameterraum ab und erzeugen dafür einen hohen Aufwand. Versuche auf der Basis *statistischer Versuchspläne* gehen ebenfalls systematisch vor mit einem Kompromiss zwischen Aufwand und Erkenntnisgewinn.

5.3.4 Faktoren und Stufen

Die Größen, die Sie während eines Versuchs gezielt variieren wollen, sind die *Faktoren* [139, 185]. Die Werteinstellungen der Faktoren heißen *Stufen*. Jede konkrete Werteinstellung ist eine Stufe. Bei f Faktoren mit jeweils der gleichen Anzahl n an Stufen ist die Anzahl an durchzuführenden Versuchen

$$N = n^f. \tag{5.72}$$

Beispiel 5.12 – Aufwand von Versuchen

Ein *Rasterversuch* mit nur zwei Faktoren (wie in Abb. 5.8) und fünf Stufen je Faktor ($f = 2$, $n = 5$) benötigt bereits $N = 5^2 = 25$ Versuche, um alle Kombinationen abzudecken. Bei drei Faktoren ($f = 3$) sind es dann schon $N = 5^3 = 125$ Versuche.

Ein Experiment mit einem einfachen *statistischen Versuchsplan* würde für drei Faktoren zunächst je zwei Stufen vorsehen. Mit $f = 3$ und $n = 2$ gibt es dann $N = 2^3 = 8$ Versuche (Abb. 5.9).

Faktoren seien mit kleinen Buchstaben bezeichnet, die zugehörigen Stufen mit dem jeweiligen großen Buchstaben. Soll der Faktor w auf drei Stufen eingestellt werden, so sind dies $W = (W_1, W_2, W_3)$. Jede Stufe bezeichnet jeweils den unteren und oberen Grenzwert der Wertebereiche $a \in [a_1, a_2]$, $b \in [b_1, b_2]$, $c \in [c_1, c_2]$ eines Faktors. Zur Stufe A_1 gehört die Einstellung $a = a_1$, zur Stufe C_2 die Einstellung $c = c_1$ usw.

Drei Faktoren lassen sich modellhaft als Würfel darstellen (Abb. 5.9). Die Kombinationen der Stufenwerte

$$V_i = (A_k, B_l, C_m) \tag{5.73}$$

gehören zu je einem Versuch. Tabelle 5.1 listet die möglichen Stufenkombination dieser experimentellen Konstellation. Die Stufen-

V_i	1	2	3	4	5	6	7	8
A	1	2	1	2	1	2	1	2
B	1	1	2	2	1	1	2	2
C	1	1	1	1	2	2	2	2

Tabelle 5.1: Versuchsplan für drei Faktoren mit je zwei Stufen. Eingetragen sind die Nummern der Stufen

vektoren[24] A, B und C spannen ein rechtwinkliges Koordinatensystem und damit einen Würfel auf. Die Vektoren einer Spalte der Tabelle 5.1 bilden die Eckpunkte, weil keine Zwischenwerte der Faktoren eingestellt werden, sondern nur die Grenzwerte der Wertebereiche. Der linke, vordere, untere Eckpunkt symbolisiert die Stufenkombination $V_1 = (A_1, B_1, C_1)$. Der rechte, hintere, obere gehört zu $V_8 = (A_2, B_2, C_2)$. Mit diesem geometrischen Modell lassen sich Versuchsstrategien darstellen und vergleichen.

Zweistufige Versuchspläne können nur lineare Zusammenhänge zwischen den Faktoreinstellungen und der Ergebnisgröße aufzeigen [139]. Wie diese sich bei Zwischenwerten eines Faktors verhält, bleibt unbekannt. Das herauszufinden, erfordert mehr Aufwand.

Mit nur einer weiteren Stufe je Faktor, die jeweils in der Mitte der Wertebereiche liegt, lässt sich der zentral zusammengesetzte Versuchsplan der Abb. 5.11 realisieren. Zusätzlich zu den Eckpunkten werden noch die Flächenzentren und das Raumzentrum eingestellt. So kommen noch sieben Stufenkombinationen hinzu. Für die insgesamt 15 Versuche sind jeweils drei Faktorstufen erforderlich. Hier-

---

[24]Auf eine Vektorschreibweise wird hier verzichtet.

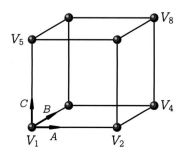

Abbildung 5.9: Versuchsplan für drei Faktoren und zwei Stufen. Die Eckpunkte markieren die Versuche der Tab. 5.1

bei werden nicht alle möglichen Stufenkombinationen angewendet. Dies ist dann ein *fraktioneller Versuch* [139].

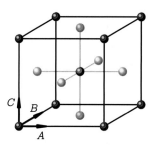

Abbildung 5.10: Zentral zusammengesetzter Versuchsplan für drei Faktoren mit drei Stufen. Zusätzlich zu den Eckpunkten werden noch die Flächenzentren und das Raumzentrum eingestellt. So kommen noch sieben Stufenkombinationen hinzu

5.3.5 Effekt

Die eigentliche Messung oder Messreihe zu einem Versuch kann sehr aufwendig sein und lange dauern[25]. In jedem Fall führt jeder Versuch zu einem *vollständigen Messergebnis* der Zielgröße z. Zu zwei Versuchen V_i und V_j gehören die Ergebnisse $Z_i = z_i \pm u_i$ und $Z_j = z_j \pm u_j$. Die Größe

$$E_{ij} = z_j - z_i \qquad (5.74)$$

heißt *Effekt* [3, 143, 185] und bemisst die Änderung der Zielgröße, wenn sich die Faktoren gemäß Versuchsplan von der Kombination V_i auf die Kombination V_j geändert haben. Der *relative Effekt*

$$e_{ij} = \frac{z_j - z_i}{z_i} = \frac{z_j}{z_i} - 1 \qquad (5.75)$$

gibt die Änderung in Bezug auf den Wert der Zielgröße beim Versuch V_i. Damit der Effekt *statistisch signifikant* ist, muss die kombinierte Unsicherheit u_{ij} kleiner sein als der Betrag des Effekts, also

$$\varepsilon_{ij} = \frac{|E_{ij}|}{u_{ij}} = \frac{|z_j - z_i|}{\sqrt{u_j^2 + u_i^2}} < 1. \qquad (5.76)$$

Das ist gerade das Epsilon-Kriterium in Glg. (5.47).

Auch zu diesem Themenkomplex empfiehlt sich eine Vertiefung anhand der angegebenen oder ähnlicher Quellen.

---

[25]z. B. wenn die Auswirkungen von Werkstoffmischungen für Autoreifen auf deren Laufleistung und Sicherheit untersucht werden sollen

5.3.6 Experimenteller Zyklus

Abbildung 5.10 zeigt das Modell des experimentellen Zyklus nach [139] mit einigen Ergänzungen.

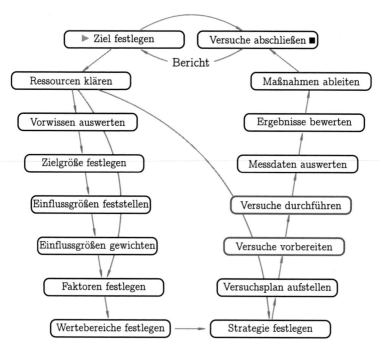

Abbildung 5.11: Experimenteller Zyklus nach [139] mit Ergänzungen. Die markierten Vorgänge finden hauptsächlich am Versuchsaufbau statt. Zur Vorbereitung der Versuche gehört auch das Kalibrieren der Messgeräte

Nachdem das Ziel des Versuchs geklärt und schriftlich fixiert ist, müssen Sie den Rahmen der Mittel[26] abstecken, die Ihnen für die

---

[26]Geräte, Maschinen, Messgeräte, Messraumkapazitäten, Räume, Labore, Mitarbeiter, Maschinenbediener, Geld, Zeitdauer, Zeitfenster, Verbrauchsmateriali-

gesamte Versuchsdurchführung zur Verfügung stehen. Im nächsten Schritt werten Sie wird das vorhandene Vorwissen aus und legen die Zielgröße mit dem Messverfahren fest.

Gehen Sie nicht stillschweigend davon aus, dass es für *jede denkbare Zielgröße* auch ein *geeignetes* und für Sie *verfügbares Messverfahren* gibt. Ein geeignetes Messverfahren ist die unabdingbare Voraussetzung für das Gelingen des Versuchs:

▶ Unter Umständen muss ein völlig neues Messverfahren gefunden, entwickelt und erprobt werden.

▶ Klären Sie diesen Punkt frühzeitig.

Als nächstes ermitteln Sie die möglichen Einflussgrößen und gewichten diese auf der Grundlage des zugreifbaren Expertenwissens. Einflussgrößen sind einerseits die *gewollt veränderlichen Steuergrößen* und andererseits die *nicht* oder *nur schwer beeinflussbaren Störgrößen*. Ordnen Sie die Einflussgrößen einer der beiden Kategorien zu. Hiernach legen Sie, abhängig von der Zielsetzung und den verfügbaren Ressourcen, die Faktoren mit ihren Wertebereichen und die *Versuchsstrategie* fest. Wenn der *Versuchsplan* steht, geht es an die *Vorbereitung des Versuchs*. In dieser Phase werden auch die Messgeräte kalibriert und die eventuell notwendige Software zur Steuerung des Versuchsaufbaus, zur Datenerfassung und auch schon zur Auswertung programmiert.

In vielen Fällen ist das Zeitfenster zur *Versuchsdurchführung* mit Beginn und Dauer knapp bemessen, etwa an großen Maschinen, Anlagen in der Produktion, in einer Forschungseinrichtung oder bei experimentellen Großgeräten, z. B. der Europäischen Organisation für Kernforschung (CERN). Deshalb sind kleine *Vorversuche* hilfreich, mit denen Sie den gesamten Versuchsablauf in einer Art *Trockenübung* vorab durchgehen. So können Sie früh-

---

en, Werkstätten, Werkstattkapazitäten, ...

zeitig und vor den eigentlichen Messungen erkennen, ob das, was Sie sich überlegt haben, auch funktioniert. Bei Bedarf können Sie Korrekturen vornehmen. Ein paar Tipps:

▶ Machen Sie vor der eigentlichen Messung eine *Probeauswertung* bis hin zur Ergebnisgröße und ihrer Messunsicherheit.

▶ Nehmen Sie dazu fiktive oder simulierte Daten.

Damit steht Ihr *Auswerteverfahren*. So können Sie während der Messkampagne bereits sehr früh Daten auswerten und zu ersten Ergebnissen kommen.

Jetzt kommt die immer spannende *Versuchsdurchführung*.

▶ Führen Sie ein Protokollbuch oder eine entsprechende App.

▶ Protokollieren Sie alles mit *Datum und Uhrzeit*.

▶ Notieren Sie die Parametereinstellungen.

▶ Notieren Sie Auffälligkeiten.

▶ Notieren Sie die Lufttemperatur, Luftfeuchte und Luftdruck.

▶ Machen Sie erste Auswertungen, während der Versuch noch läuft.

Stellen sich dabei *Unstimmigkeiten* oder Unerwartetes heraus, können Sie darauf reagieren und

▶ bei Bedarf Versuchsstrategie oder Versuchsparameter anpassen

Auch wenn viele Dinge (zunächst) als unwichtig erscheinen, können sie später bei der Auswertung wichtig werden. Nur ist es dann für Änderungen am Versuch und Nachmessungen meistens zu spät. Eventuell ist der Versuchsaufbau sogar schon abgebaut.

▶ Machen Sie Sicherungskopien (Backups) Ihrer Dateien.

Danach folgt die eigentliche *Auswertung* der aufgezeichneten Daten. Auswertungen beantworten Fragen, aber sie führen auch stets zu neuen Fragen. Manchmal sind diese mit kleinen *Nachmessungen* schnell beantwortet. Deshalb:

▶ Halten Sie sich ein Fenster für Nachmessungen offen.

Die anschließende *Bewertung* muss primär die Frage beantworten:

► Wurden die am Anfang gesetzten Ziele erreicht?

In einer ingenieur- oder naturwissenschaftlichen Arbeit liegt der Fokus der Bewertung naturgemäß auf der technischen und wissenschaftlichen Einordnung der Ergebnisse. Aber weitere Aspekte sind denkbar, wie etwa: gesundheitliche, juristische, medizinische, ökologische, ökonomische, organisatorische oder soziale.

Geht es z. B. um Produkt- oder Prozessverbesserungen, erarbeiten Sie ausgehend von Ihren Ergebnissen und Erkenntnissen Vorschläge für Verbesserungsmaßnahmen. Den Versuch schließen Sie mit einem *Bericht* ab. Der Bericht geht an den *Auftraggeber* oder *Veranlasser* des Versuchs.

Der Bericht kann auch Ihre Thesis oder ein Teil davon sein. Sind die Ergebnisse wissenschaftlich neu und relevant, kann auch die Veröffentlichung in einer wissenschaftlichen Fachzeitschrift ein Weg der Berichterstattung sein.

6 Das Projekt »Thesis«

6.1 Planung und Durchführung der Arbeiten

6.1.1 Sperrvermerk und Geheimhaltung

Sofern Sie Ihre Thesis mit Beteiligung eines Unternehmens durchführen, klären Sie den Punkt *Geheimhaltung und Sperrvermerk* zu Beginn Ihrer Tätigkeit *mit dem Unternehmen* und *mit der betreuenden Person Ihrer Hochschule*, damit es später zu nicht Schwierigkeiten kommt. Ein Sperrvermerk ist immer zeitlich befristet. Im Normalfall sind dies drei Jahre. Der Antrag auf einen Sperrvermerk ist oft mit der Anmeldung der Thesis schriftlich zu begründen. Hierbei sind die öffentlichen Interessen und die Interessen des Unternehmens abzuwägen. Erfragen und klären Sie auch diesen Punkt möglichst früh.

Vertraulichkeit durch die mit der Thesis in Berührung kommenden Personen in Ihrer Universität oder Hochschule ist gewährleistet. Die Mitarbeiter einer solchen Einrichtung sind aufgrund ihres Arbeitsvertrags zu Vertraulichkeit verpflichtet. Geheimhaltung kann nicht vereinbart werden.

Denken Sie daran, dass auch Sie selbst außerhalb des betreuenden Unternehmens zu Ihrer Thesis nur in dem Rahmen etwas sagen dürfen, wie es eine eventuell von Ihnen unterzeichnete Vereinbarung zulässt. Das gilt höchst wahrscheinlich auch und gerade für Bewerbungsgespräche mit anderen Unternehmen. Klären Sie diesen Punkt frühzeitig.

© Der/die Autor(en), exklusiv lizenziert an
Springer Fachmedien Wiesbaden GmbH, ein Teil von Springer Nature 2022
F. Lindenlauf, *Wissenschaftliche Arbeiten in den Ingenieur- und Naturwissenschaften*, https://doi.org/10.1007/978-3-658-36736-7_6

6.1.2 Themenstellung und Anmeldung der Thesis

Das endgültige Thema Ihrer Thesis stellt Ihnen die betreuende Professorin oder der betreuende Professor der Hochschule. Dies ist unabhängig davon, ob Sie Ihre Thesis in Zusammenarbeit mit einem Unternehmen durchführen oder nicht. Zur Anmeldung der Thesis reicht oft ein Arbeitstitel, der sich im Laufe der Bearbeitung noch ändern kann. Spätestens kurz vor der Abgabe der Thesis ist der Titel festzulegen. Ihr hochschulseitiger Betreuer ist meistens der *Erstgutachter* bei der Beurteilung Ihrer Thesis. Es kann aber auch sein, dass Sie in der täglichen Arbeit von jemand anderem direkt betreut werden, der später Ihre Thesis nicht bewertet. Es hilft sehr, wenn diese Rollen ganz am Anfang der Durchführung Ihrer Thesis bekannt und festgelegt sind. Finden Sie auch heraus, wie Zweit- oder eventuell Drittgutachter in Ihrem Fall gefunden und benannt werden: Ist das Ihre Aufgabe oder übernimmt das der Erstgutachter (die Universität, Hochschule, ...)?

Klären Sie den formalen Ablauf zur Anmeldung, Bearbeitung und Abgabe Ihrer Thesis rechtzeitig mit den zuständigen Stellen, wie etwa ein StudiCenter, Prüfungsamt oder Studiengangleiter.

6.1.3 Aufgaben der Betreuer im Unternehmen

Nutzen Sie die Erfahrung und das Fachwissen Ihrer Betreuer durch regelmäßigen Austausch. Fragen Sie und diskutieren Sie Ihre Erkenntnisse insbesondere mit Blick auf die Methodik, den wissenschaftlichen Gehalt und die Sprache. Lassen Sie Ihren Text immer wieder, insbesondere vor Abgabe von Ihrem Betreuer gegenlesen. Neben der allgemeinen Unterstützung bei Ihrer Arbeit, insbesondere in der Phase der Einarbeitung, gibt es vier Aufgabenschwerpunkte Ihres Betreuers:

▶ Beim Formulieren Ihrer Aufgabenstellung unterstützen

▶ Den Zugang zu den für Sie notwendigen betrieblichen Quellen und Ressourcen ermöglichen

▶ In den firmeninternen Gebrauch von Fachbegriffen einführen und vorhandene Unterschiede zur Literatur erläutern

▶ Regelmäßiger Abgleich Ihrer Ergebnisse mit der Aufgabe

Falls diese Unterstützung nicht selbstverständlich stattfindet, trauen Sie sich, sie einzufordern.

6.1.4 Exposé

Das *Exposé* umfasst höchstens zwei Seiten. Es beginnt mit dem Arbeitstitel der Thesis und hat folgende Unterpunkte.

Ausgangsfrage Hier beschreiben Sie die Problemsituation, die zum Thema und der Vergabe Ihrer Thesis geführt hat. Formulieren Sie dies als eine Frage.

Relevanz Nun belegen Sie die Problemsituation mit Fakten und erklären damit die Bedeutung für das Unternehmen, die Gesellschaft, die entsprechende Organisation oder Interessengemeinschaft.

Zielsetzung und Leitfrage Hier formulieren Sie die Zielsetzung Ihrer Arbeit und die (wissenschaftliche) Leitfrage. Hieraus muss sich eine Verbesserung oder die Lösung der beschriebenen Ausgangslage ergeben.

Erwartete Ergebnisse In diesem Absatz konkretisieren Sie die erforderlichen Ergebnisse zur Beantwortung der Leitfrage. Beantworten Sie die Frage: »Was muss wo in welchem Umfang vorliegen?« Klären Sie die Methode, wie Sie feststellen können, wieviel von den Ergebnissen Sie erreicht haben. Gehen Sie immer auch auf die Wirtschaftlichkeit ein.

Zeitplan Ein erster grober Zeitplan lässt erkennen, ob Sie die geforderten Ergebnisse auch in der verfügbaren Zeit erreichen können.

Sonstiges Es kann Randbedingungen geben, die Einfluss auf Ihre Thesis nehmen können. Nennen Sie diese hier. Das können etwa Abwesenheitszeiten von wichtigen Ansprechpartnern sein, Zeitfenster, in denen bestimmte Einrichtungen genutzt werden können, oder Ihre Aufenthaltsdauer in einem ausländischen Werk.

6.1.5 Startbesprechung im Partnerunternehmen

Wenn es sich einrichten lässt, sollte eine gemeinsame Besprechung zum Beginn Ihrer Arbeit im Unternehmen stattfinden. So lernen sich alle Beteiligten persönlich kennen, und es entwickelt sich ein gegenseitiges Verständnis für die zu lösenden Aufgaben und mögliche Lösungswege. Die folgende

Tagesordnung

1. Vorstellung der Teilnehmer
2. Arbeitsthema der Thesis
3. Besprechen des *Exposés*
4. Kurzer Betriebsrundgang
5. Nächste Schritte

sei ein Leitfaden für gutes Gelingen dieser Besprechung. Organisieren Sie diese Besprechung mit einer Einladung und einem iCalendar-Termin [172] an die Teilnehmenden. Für ein Vorgespräch zum ersten Kennenlernen eignet sich eine Video-Konferenz sehr gut.

6.2 Schreiben der Thesis

Das Schreiben der Arbeit kann in Teilen parallel zur Durchführung Ihres Projekts erfolgen – am besten so, wie Ihnen die Ideen kommen und Sie voranschreiten.

► Lassen Sie Ihr *Quellenverzeichnis* (QuVZ) kontinuierlich wachsen, so wie Sie zitieren (und nur diese Quellen werden aufgeführt), zu jedem Zitat pflegen Sie den Eintrag bitte sofort entsprechend Ihres Zitationsstils im QuVZ ein. Nutzen Sie hierfür Softwareunterstützung.

► Tragen Sie in die jeweils noch zu schreibenden Kapitel stichwortartig (wie in einer Präsentation) die Inhalte ein. Das können auch schon Abbildungen, Tabellen oder Formeln sein.

► Die restlichen *Verzeichnisse* und der *Anhang* folgen ganz am Ende. Dann ist klar, was wie gebraucht wird.

Beim letzten Durchgang stellen Sie die Arbeit fertig. Dies sollte möglichst »am Stück« erfolgen in den Schritten der Abb. 6.1. Diese Reihenfolge stellt sicher, dass ihre Thesis in sich stimmig wird. So werden im Ergebniskapitel nicht noch Grundlagen nachgereicht. Oder es fehlen Grundlagen. Oder es sind Grundlagen beschrieben, auf die in der restlichen Arbeit kein Bezug genommen wird.

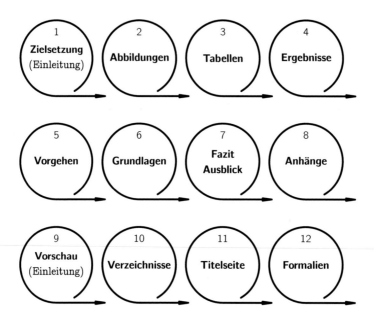

Abbildung 6.1: Zwölf Schritte zum Fertigstellen der Thesis

6.3 Qualitätssicherung im Projekt

6.3.1 Qualitätsdimensionen

Möchten Sie eine sehr gute Note für Ihre Thesis? Möchten Sie danach im Unternehmen eingestellt werden, bei dem Sie die Thesis durchgeführt haben? Qualitätssicherung ist also notwendig, denn Qualität ist der Erfüllungsgrad von Anforderungen [68]. Es hilft:

▶ Qualitätsmerkmale des Projekts und der Thesis festlegen

▶ Frage beantworten: Wie kann ich den *Fortschritt* und den *Erfüllungsgrad* der einzelnen Anforderungskriterien *messen*?

▶ Fortschritt und Erfüllungsgrad regelmäßig messen

Tabelle 6.1 gibt Qualitätsdimensionen D eines Thesisprojekts.

D	Bedeutung
1	Persönliches Verhalten
2	Ergebnisse
3	Termineinhaltung
4	Wissenschaftliche Arbeitsweise
5	Sprache

Tabelle 6.1: Qualitätsdimensionen D im Projekt »Thesis«

6.3.2 Zeitmanagement

Behandeln Sie Ihre Thesis wie ein Projekt nach den Regeln des Projektmanagements [60–64]. Die Anwendung auf eine Thesis ist beschrieben in [194]. Ein unterhaltsamer Roman zum Projektmanagement ist *Der Termin* von TOM DEMARCO [29].

6.3.3 Prüfen der eigenen Arbeit

Einzelne Kapitel selbst überprüfen

Direkt nach dem Schreiben prüfen Sie selbst den gerade geschriebenen Text – und mit etwas Zeitabstand noch einmal. *Laut vorlesen* hilft dabei. Fehlende Satzzeichen erkennen Sie am Bildschirm nur sehr schwer. Beachten Sie deshalb [194]:

▶ Ein Satz, der sich schwer sprechen lässt, ist auch schwer zu lesen.

▶ Machen Sie Korrekturen an ausgedruckten Teilen der Arbeit.

Korrektur lesen lassen von anderen

Geben Sie Ihre Arbeit verschiedenen Personen zum Lesen mit der Bitte, möglichst viele Fragen, Anmerkungen und auch Anregungen einzutragen. Es können helfen:

▶ Kollegen und Kommilitonen

▶ Experten für fachliche Richtigkeit, Wissenschaftlichkeit usw.

▶ Qualifizierte Laien für Verständlichkeit

▶ Experten[1] für Sprache, Rechtschreibung, Grammatik, Zeichensetzung

Güte der Arbeit bewerten

Mit den zehn Kriterien aus Kapitel 3.1.1 bewerten Sie die Güte der Arbeit insgesamt. Bleiben Sie dabei *selbstkritisch*. Geben Sie für jeden Parameter einen Wert q_{ik} zwischen 0 und 5. Fassen Sie die Einzelwerte q_{ik} mittels geometrischem Mittelwert

$$Q_k = \left(\prod_{i=1}^{10} q_{ik} \right)^{\frac{1}{10}} \tag{6.1}$$

---

[1]Deutschlehrer, Redakteure, Autoren, Journalisten, ...

zusammen. Dann kennen Sie das Qualitätsniveau eines Kapitels. Abhängig von der Anzahl n der Kapitel ist

$$Q = \left(\prod_{k=1}^{n} Q_k \right)^{\frac{1}{n}} \tag{6.2}$$

die Gesamtgüte Ihres Werks.

Checkliste machen

Damit Sie nichts vergessen, machen Sie rund vier Wochen vor Abgabe der Arbeit eine Checkliste, etwa so:

1. Abgabetermin überprüfen
2. Inhalt an einem Stück überprüfen
3. Übergänge und Einheitlichkeit prüfen
4. Rechtschreibung prüfen
5. Zitate und Quellenverzeichnis prüfen
6. Tabellen, Abbildungen, Diagramme, Gleichungen, Beschriftungen, Nummerierungen und Verzeichnisse prüfen
7. Urheberrechte und Veröffentlichungsrechte überprüfen
8. Titelseite und Formalien prüfen
9. Drucken und binden lassen – sofern erforderlich
10. Ausgedrucktes Dokument noch einmal überprüfen
11. Abgabetermin einhalten

Korrekturzeichen

Die vom Autor verwendeten Korrekturzeichen in Tabelle 6.2 geben Ihnen Anregungen, worauf Sie achten sollten. Nehmen Sie sich immer wieder Texte vor, und korrigieren Sie diese mit den Korrekturzeichen und Verbesserungsvorschlägen. Ein Programm, wie Adobe Acrobat Reader eignet sich hervorragend dafür.

▶ Verwenden Sie eigene oder fremde Textpassagen.

▶ Seien Sie bei sich selbst besonders kritisch.

▶ Nehmen Sie sich einen Partner.

▶ Gehen Sie die Texte gemeinsam durch.

Machen Sie ein Spiel daraus: Wer die meisten Punkte gefunden hat, hat gewonnen.

Das folgende, absichtlich etwas makabere Beispiel zeigt, weshalb es beim Schreiben – und nicht nur da – auf die Details ankommt.

Beispiel 6.1 – Kleine Details mit großer Wirkung.
Ein Beispiel mit möglicherweise fatalen Folgen

Die Bitte eines Vaters an den Brautausstatter in vier Varianten:

1. Bitte richten Sie meine Tochter vor *ihrer* Trauung hübsch *her.*
2. Bitte richten Sie meine Tochter vor *ihrer* Trauung hübsch *hin.*
3. Bitte richten Sie meine Tochter vor *Ihrer* Trauung hübsch *her.*
4. Bitte richten Sie meine Tochter vor *Ihrer* Trauung hübsch *hin.*

Welche Variante ist die gefährlichste? Was passiert wann?

6.3.4 Organisatorisches

Ihren Betreuern können Sie das Leben leichter oder schwerer machen. Gute oder schlechte Organisation, gute oder schlechte Unterlagen, die Sie abgeben oder zusenden, haben maßgeblichen Einfluss darauf. Je leichter Sie es ihren Partnern machen, desto besser können diese auf Ihre Inhalte eingehen. Sofern nichts anderes vereinbart ist, können diese Tipps helfen:

▶ Senden Sie Textentwürfe als PDF-Dateien.

▶ Senden Sie Textentwürfe in der Reihenfolge der Abbildung 6.1

Zeichen	Bedeutung
A	Ausdruck oder Abkürzung falsch oder schlecht
B	Behauptung ohne Nachweis, Bezug oder Beleg
C	Diskurs fehlt oder falsch
D	Diagramm, Abbildung oder Tabelle fehlt, schlecht oder falsch
E	Beispiel fehlt oder falsch
F	Fachbegriff oder Definition fehlt, falsch verwendet oder nicht eingeführt
G	Grammatik falsch
H	Reflexion fehlt oder falsch
I	Irrelevanz der Aussage für die Argumentation
J	Journalistische Formulierung
K	Konkretisierung nicht ausreichend oder unbegründet (zu) konkret
L	Logik der Argumentation falsch oder nicht nachvollziehbar
M	Messbarkeit, Metrik, Quantifizierung fehlt oder schlecht
N	Nummerierung fehlt oder falsch
O	Zirkelschluss der Argumentation
P	Plattitüde oder unnötige Füllwörter
Q	Quellenangabe oder Zitation fehlt oder falsch
R	Rechtschreibung falsch
S	Sprache oder Stil schlecht, etwa Unternehmens*slang*
T	Falsche Zeitform (Tempus)
U	Unklarheit der Formulierung oder Semantik
V	Verzeichnis fehlt, falsch oder schlecht
W	Wiederholung
X	Struktur oder Aufbau unsachgemäß oder falsch
Y	Typografie, Layout, Lesbarkeit schlecht
Z	Zeichensetzung oder Schriftsatz falsch

Tabelle 6.2: Vom Autor verwendete Korrekturzeichen

▶ Senden Sie immer die gesamte Arbeit einschließlich Inhaltsverzeichnis (InhVZ) und Quellenverzeichnis (QuVZ). So kann Ihr Betreuer die Zusammenhänge herstellen.

Bei kleinen und konkreten Fragen, kann es im Einzelfall sinnvoll sein, hiervor abzuweichen. Und auch so wird es einfacher:

▶ Senden Sie nur Dinge, die Sie selbst nicht mehr besser können.

▶ Beschriften Sie Ihre Dokumente stets mit Ihrem Namen.

▶ Halten Sie Ihr Schema zur Benennung Ihrer Dateien bei.

Ihre Thesis entwickelt sich. In gleicher Weise entwickeln sich auch Ihre Texte, Abbildungen, Tabellen und alle anderen Dokumente. Damit über die jeweils aktuelle Fassung gesprochen werden kann:

▶ Versehen Sie Dokumente und Dateinamen mit Versionsnummern.

▶ Halten Sie Ihr Schema zur Benennung der Dateien bei.

Denken Sie daran, dass Ihre Betreuer von vielen Personen Dokumente und Dateien erhalten. Vielleicht freut sich Ihr Betreuer ja über ein Schema, das seinem Ablagesystem entspricht und damit die Arbeit erleichtert. Fragen Sie doch einfach.

6.4 Bewertung einer Thesis

Die Schwerpunkte und Methoden zur Bewertung einer Thesis sind sicher so vielfältig, wie es bewertende Personen und zu bewertende Arbeiten gibt. Trotzdem lassen sich ein paar davon unabhängige und übergreifende Aspekte nennen:

▶ Titelseite
▶ Struktur der Arbeit
▶ Ausgewogenheit der einzelnen Kapitel
▶ Reflexion und eigener Beitrag
▶ Klarheit der Sprache
▶ Anwendung der Fachbegriffe
▶ Anwendung, Aktualität und kritischer Umgang mit den Quellen
▶ Nachvollziehbarkeit und Logik der Argumentation
▶ Klarheit der Abbildungen, Diagramme, Formeln und Tabellen

Denken Sie daran, dass die Titelseite den ersten Eindruck Ihrer Arbeitsweise vermittelt. Dementsprechend sollte sie überzeugen.

Finden Sie im Laufe der Zusammenarbeit mit Ihren Betreuern heraus, wie diese Thesen bewerten. Auf was sie Wert legen, und anhand welcher Kriterien sie wie die Note bilden. Ob sie hierbei etwa nach Inhalt und Form unterscheiden? Und wie sie die unterschiedlichen Elemente gewichten.

7 Software-Werkzeuge

7.1 Begründung

Standardprogramme wie Microsoft Word, Excel und PowerPoint sind für die meisten Studenten (und Unternehmen) oft die erste Wahl zur Erstellung ihre technischen und wissenschaftlichen Dokumente, einschließlich Abbildungen und Tabellen. Herausforderungen für diese Programme sind oft:

- ▶ Umfang der Arbeit
- ▶ Struktur, Gliederung, Layout
- ▶ Zitation, Quellenverzeichnis, Literaturverwaltung
- ▶ Verzeichnisse für Abbildungen, Tabellen, Abkürzungen, Formelzeichen und Symbole
- ▶ Auswertung von Daten
- ▶ Darstellung von Daten in Diagrammen
- ▶ Abbildungen und Fotografien
- ▶ Formeln, Formelzeichen, spezielle Sonderzeichen
- ▶ Verschiedene Formate zusätzlich benötigter Dokumente
- ▶ Einbinden der Ergebnisse aus Spezialanwendungen[1]
- ▶ Organisation und Zeitmanagement bei der Projektdurchführung.

Das Schreiben einer Thesis ist eine Kernaufgabe und fällt in den Bereich des *Desktop Publishing* (DTP). Zu den Programmen aus

---

[1] Wie z. B. Ausgaben aus CAD- oder ERP-Systemen, Organigramme, Prozessdarstellungen, Schaltpläne, Hydraulikpläne, …

© Der/die Autor(en), exklusiv lizenziert an
Springer Fachmedien Wiesbaden GmbH, ein Teil von Springer Nature 2022
F. Lindenlauf, *Wissenschaftliche Arbeiten in den Ingenieur- und
Naturwissenschaften*, https://doi.org/10.1007/978-3-658-36736-7_7

der Office-Suite von Microsoft gibt es günstige und gute Alternativen sowie hilfreiche Ergänzungen. Es folgt eine (subjektive) Auswahl an Freeware- und Open-Source-Programmen, die für die meisten UNIX-artigen Betriebssysteme, wie Linux und MaOS sowie für Windows verfügbar sind. Es lohnt sich, diese Alternativen auszuprobieren.

7.2 Software für spezielle Aufgaben

7.2.1 Die Schreibstube

Das Programm Scribus deckt alle in einer Thesis benötigten Elemente ab [181]. Die Apache OpenOffice-Suite [5] ist eine direkte Alternative zur Office-Suite von Microsoft.

Das Computersatz-System LaTeX [142] erzeugt (nicht nur) technischnaturwissenschaftliche Texte im Erscheinungsbild und in der gestalterischen Konsistenz auf höchstem Niveau. Für viele mit der Erstellung einer solchen Arbeit verbundenen (Zusatz-) Aufgaben lassen sich hier spezialisierte Erweiterungen (packages) nach Bedarf einbinden. TeX Live stellt die jeweils aktuelle TeX-Distribution zum Download für Windows, MacOS und Linux bereit [193]. Overleaf gibt einen browserbasierten Zugang [164] und die Möglichkeit der kollaborativen Arbeit im Team am selben Dokument. Eine kurze Einführung in das System gibt Öchsner [161]. Braune ist etwas ausführlicher [20]. Müller fokussiert auf die Anwendung für Ingenieure, Informatiker und Naturwissenschaftler [155].

LaTeX wurde lange vor modernen Desktop-, Laptop- und Tablet-Computern und den damit gegebenen Möglichkeiten entwickelt [142]. Heutige Implementationen und Erweiterungen integrieren moderne Technologien nahtloser als es das ursprüngliche LaTeX kann [98, 174]. Die Ausgabe im PDF-Format ist heute Standard. Mit X$_\exists$LaTeX lassen sich Unicode-Zeichensätze im TrueType- und OpenType-Format nutzen. KOMA-Script [140] gibt moderne Erweiterungen der klassischen LaTeX-Dokumentklassen.

Einen Vergleich verschiedener Programme für die Textverarbeitung und auch die Literaturverwaltung (s. 7.2.2) finden Sie in [189].

7.2.2 Die Bibliothek

Ab etwa zwanzig Quellen mit PDF-Dateien, E-Books, Internetseiten usw. wird es schwierig, diese auf Papier oder in Excel-Tabellen zu verwalten. Schwierig ist meistens nicht das Speichern (Ablegen) solcher Dateien, sondern das spätere Wiederfinden. Erst recht, wenn dieselben Quellen für unterschiedliche Texte als Referenzen dienen sollen, wird die Sache unhandlich. Das mehrfache Speichern derselben Datei in verschiedenen Verzeichnissen mit unterschiedlichen Dateinamen ist keine gute Lösung. Hier helfen Programme zur Literaturverwaltung. Ein großer Vorteil besteht darin, den Quellen u. a. Stichworte zuzuweisen, die Quellen dann anhand der Stichworte zu finden, zusammenzufassen und in unterschiedlichen Projekten zu verwenden. Aus allen Programmen heraus lassen sich die Zitierbefehle und Quellenangaben für das Zieldokument erzeugen.

Bibliographix ist als *Content Management System* für die Verwaltung von Literatur und Quellen aller Art ausgelegt [224]. Für Mac OS X gibt es BibDesk [15]. Unter Windows weit verbreitet ist Citavi [27].

Auch Papers ist ein Programm zur Organisation und Verwaltung aller Arten von Quellen und zugehöriger Dateien [35]. Insbesondere kann es Verzeichnisse (Ordner) nach einem selbst festlegbaren Schema anlegen und dort (auch mehrere) Dateien zu einem Eintrag ablegen.

7.2.3 Atelier und Fotostudio

Inkscape ist Programm für Vektorgrafiken [120]. Es arbeitet mit Scalable Vector Graphics (SVG) als Dateiformat. Neben SVG können Dateien in allen üblichen Grafikformaten gelesen und auch geschrieben werden [97]. Mit GIMP als Alternative zu Adobe Photoshop [105] haben Sie ein Programm für die Bildbearbeitung.

In der Abbildung 7.1 sieht man die *Kompressionsartefakte* des JPEG-Formats als Wolken in der Nähe der Kanten. Für Bildobjekte mit harten Übergängen ist JPEG ungeeignet. Bei Zeichnungen, die z. B. mit MS PowerPoint erstellt und dann in den Text eingesetzt werden, ergeben sich solche Effekte. Man erkennt den Nutzen der Vektorgrafik auch an der Größe der Datei. Eine geringe Auflösung (links oben) hält die Datei klein, dafür wird die Grafik unscharf. Für eine vergleichbare Güte benötigt man mindestens den doppelten Speicherplatz.

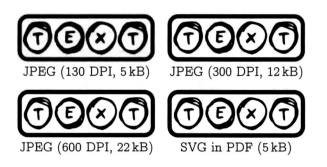

JPEG (130 DPI, 5 kB)   JPEG (300 DPI, 12 kB)

JPEG (600 DPI, 22 kB)   SVG in PDF (5 kB)

Abbildung 7.1: Die Kompressionsartefakte (Wolken) des JPEG-Formats lassen sich durch Vektorgrafik-Formate vermeiden. Die SVG-Vektorgrafik wurde mit Inkscape erstellt und in eine PDF-Datei exportiert. PDF erhält die Vektoreigenschaften des SVG-Formats.

7.2.4 Die Statistik

Statistische Analysen 1 mit SOFA Statistics [187]. Es ist verfügbar für die Betriebssysteme Linux, MacOS und Windows. Das Akronym SOFA steht für *Statistics Open For All*.

Statistische Analysen 2 mit der freien Softwareumgebung R (nicht nur) für statistisches Rechnen und statistische Grafiken [170].

Statistische Analysen 3 mit TinkerPlots ist ein erstes Werkzeug zur strukturierten Datenanalyse [196]. War es ursprünglich gedacht für die Ausbildung von Schülern, so wird es heute weit darüber hinaus eingesetzt. Eigene Datensätze lassen sich einladen [102].

7.2.5 Eine für (fast) alles

Ein sehr umfangreiches Paket ist Calligra [136]. Es besteht aus Modulen für Textverarbeitung (Words), Tabellenkalkulation (Sheets), Präsentationen (Stage), E-Book-Bearbeitung und -Veröffentlichung (Author), Digitales Malen (Krita), Datenbank (Kexi), Flussdiagramme (Flow), Ideenmanagement (Braindump), Projektverwaltung (Plan) und Vektorgrafiken (Karbon).

Allein die große Zahl der Module zeigt, dass es für Anwender anscheinend vorteilhaft ist, nicht zwischen verschiedenen Anwendungen hin- und her wechseln zu müssen.

7.2.6 Das Schweizer Messer zur Dateikonvertierung

Pandoc ist ein frei verfügbares Werkzeug zur Konvertierung unterschiedlicher Markup-Dateiformate, wie HTML, XML, EPUB, LaTeX, docx (MS Word), pptx (MS PowerPoint), PDF und sehr

viele mehr [147, 168]. Pandoc hat keine grafische Benutzeroberflä-
che und wird über Kommandozeilen gesteuert.

Mit dem Kommandozeileninterpreter (Command Line Interpreter, CLI) oder der Shell Ihres Betriebssystems erhält Pandoc die
notwendigen Befehle.

7.2.7 Texte kommentieren

Mit Adobe Acrobat Reader lassen sich Texte einfach kommen-
tieren. Die Kommentare sind in der zugehörigen Datei gespeichert
und können später weiter bearbeitet und ausgetauscht werden. Für
die gängigen Betriebssysteme und für mobile Endgeräte gibt es eine kostenlose Einstiegsversion und eine zu bezahlende Pro-Version
mit erheblich größerem Funktionsumfang [1].

Was Sie aus diesem Leitfaden mitnehmen können

▶ Gut strukturierte und prägnant formulierte Texte erleichtern das Lesen und damit das Vermitteln der Inhalte.

▶ Zentrale Elemente einer natur- und ingenieurwissenschaftlichen Arbeit sind Abbildungen, Diagramme, Tabelle und Formeln. Für deren Gestaltung und Formatierung gelten eigene Festlegungen. Werden diese berücksichtigt, verbessert dies die Lesbarkeit.

▶ Die Messunsicherheit ist die wichtigste Größe bei der Angabe von Werten, Bewertung von Produkten, Prozessen oder Messverfahren und der Beurteilung von Effekten bei Versuchen.

▶ Mit systematischer Versuchsdurchführung lässt sich der Aufwand reduzieren bei gleichzeitig besserem Erkenntnisgewinn.

▶ Die Belastbarkeit von Quellen, die Güte der Arbeit und der Fortschritt im Projekt »Thesis« lässt sich quantitativ bewerten.

▶ Durch die richtige Reihenfolge beim finalen Schreiben wird die Konsistenz einer Arbeit sichergestellt.

▶ Viele Teilschritte können heute durch Software-Werkzeuge unterstützt, erleichtert und verbessert werden.

Quellen

Alle Anleitungen (Manuals) zu LaTeX-Paketen sind als PDF-Dateien in jeder LaTeX-Distribution direkt abrufbar.

[1] Adobe: *Adobe Acrobat Reader – Der PDF Reader auf einen Blick.* https://www.adobe.com/de/acrobat/pdf-reader.html (2022-08-17)

[2] Allen, Paul: *Statistical Process Control for Small Batch Production.* Paul Allen via Lulu.com, 2020

[3] Allen, Paul: *Design of Experiments for 21st Century Engineers – The Fastest Way to find out!* Paul Allen via Lulu.com, 2022

[4] Alznauer, Richard: *Vorlage für Thesis – Allgemeine Hinweise und Tipps zur Arbeit mit Microsoft Word.* Hochschule Pforzheim, 2018-10-12

[5] Apache Software Foundation: *OpenOffice – Die freie und offene Büro-Software.* 2021. https://www.openoffice.org/de/

[6] Balzert, Helmut u. a.: *Wissenschaftliches Arbeiten: Wissenschaft, Quellen, Artefakte, Organisation, Präsentation.* 1. Auflage, 4. Nachdruck. Herdecke: W3L-Verlag, 2010

[7] Barrera, Sergio C. de la: *The physics package.* 2012-12-12

© Der/die Herausgeber bzw. der/die Autor(en), exklusiv lizenziert an
Springer Fachmedien Wiesbaden GmbH, ein Teil von Springer Nature 2022
F. Lindenlauf, *Wissenschaftliche Arbeiten in den Ingenieur- und
Naturwissenschaften*, https://doi.org/10.1007/978-3-658-36736-7

[8] Baum, Thilo: *Wann und wie ist gendern sinnvoll?* SWR2. Baden-Baden. https://www.swr.de/swr2/wissen/wan n-und-wie-ist-gendern-sinnvoll-swr2-wissen-aul a-2021-06-20-100.html

[9] Behringer, Stefan: *Controlling.* 2. Auflage. Wiesbaden: Springer Gabler, 2021

[10] Berger, Helga: *444 Stolpersteine der deutschen Sprache – Schnelle Hilfe bei häufigen Fehlern.* 1. Auflage. Stuttgart: UTB, 2021

[11] Berndt, Georg; Hultzsch, Erasmus und Weinhold, Herbert: *Funktionstoleranz und Meßunsicherheit.* In: Wiss. Z. Techn. Univers. Dresden 17.2 (1968), S. 465–471

[12] Beuth: *Nautos – Normen-Managementsystem.* 2022-05-20. https://www.beuth.de/de/normen-management/n autos

[13] Beuth: *Perinorm.* 2022-05-19. https://www.perinorm.c om

[14] Bewersdorff, Jörg: *Statistik – wie und warum sie funktioniert. Ein mathematisches Lesebuch mit einer Einführung in R.* 2. Auflage. Springer Spektrum, 2021

[15] BibDesk: *BibDesk – Mac Bibliography Manager.* 20021. https://bibdesk.sourceforge.io/

[16] BIPM: *The International System of Units (SI).* 9th edition (v1.08). Sèvres: Bureau International des Poids et Mesures, 2019-03

[17] BIPM: *A concise summary of the International System of Units, SI.* Sèvres: Bureau International des Poids et Mesures, 2019-05

[18]   Borg, Calle: *Satzanfänge leicht gemacht – Über 500 ka-
tegorisierte Satzanfänge und Formulierungshilfen zum
Schreiben von wissenschaftlichen Arbeiten.* Erlsensee: Calle Borg Verlag, 2020

[19]   Bosch: *Qualitätsmanagement in der Bosch-Gruppe – Tech-
nische Statistik – Heft 10 – Fähigkeit von Mess- und
Prüfprozessen.* Robert Bosch GmbH. Stuttgart: Robert
Bosch GmbH, 2019-11

[20]   Braune, Klaus; Lammarsch, Joachim und Lammarsch, Mari-
on: *LATEX – Basissystem, Layout, Formelsatz.* Berlin,
Heidelberg: Springer, 2006

[21]   Bredner, Barbara: *Prozessfähigkeit bei technisch begrenzten Merkmalen. Fähigkeitskennzahlen und Berechnungs-
methoden.* Forschungsbericht. Unna, 2014-01. https://w
ww.bb-sbl.de/

[22]   Bredner, Barbara: *NOT-Statistik – Nachweise führen, Op-
timierungen finden, Toleranzen berechnen mit Minitab
und R.* Hamburg: tredition, 2021

[23]   Bühler, Peter; Schlaich, Patrick und Sinner, Dominik: *PDF.
Grundlagen – Print-PDF – Interaktives PDF.* Bibliothek
der Mediengestaltung. Berlin: Springer Vieweg, 2018

[24]   Bühler, Peter; Schlaich, Patrick und Sinner, Dominik: *Digital Publishing. E-Book – CMS – Apps.* Berlin: Springer
Vieweg, 2019

[25]   Burggräf, Peter: *Fabrikplanung – Handbuch Produktion
und Management 4.* Hrsg. von Burggräf, Peter und Schuh,
Günther. 2. Auflage. Springer Vieweg, 2021

[26]   Christensen, Björn; Christensen, Sören und Missong, Martin:
Statistik klipp & klar. Wiesbaden: Springer Gabler, 2019

[27] Citavi: *Citavi – Literaturverwaltung*. 2021. `https://www`
`.citavi.com/de`

[28] Clarivate: *Master Journal List*. 2022-05-19. `https://mjl`
`.clarivate.com/home`

[29] DeMarco, Tom: *Der Termin – Ein Roman über Projektmanagement*. Leipzig: Hanser, 2007

[30] Dickey, J. O. u. a.: *Lunar Laser Ranging: A continuing legacy of the Apollo program*. In: Science 265.5171 (1994-06), S. 482–490

[31] Dietrich, Edgar: *Eignungsnachweise für Messprozesse*. In: *Masing Handbuch Qualitätsmanagement*. Hrsg. von Pfeifer, Tilo und Schmitt, Robert. München: Hanser, 2014, S. 665–684

[32] Dietrich, Edgar und Schulze, Alfred: *Eignungsnachweis von Prüfprozessen – Prüfmittelfähigkeit und Messunsicherheit im aktuellen Normenumfeld*. 5. Auflage. München: Hanser, 2018

[33] Dietrich, Edgar und Conrad, Stephan: *Statistische Verfahren zur Maschinen- und Prozessqualifikation*. 8. Auflage. München: Hanser, 2022

[34] Diewald, Gabriele und Steinhauer, Anja: *Handbuch geschlechtergerechte Sprache – Wie sie angemessen und verständlich gendern*. Berlin: Dudenverlag, 2020

[35] Digital Science & Research Solutions: *Papers – Reference Management for Researchers, by Researchers*. 2021. `htt`
`ps://www.papersapp.com/`

[36] DIN 406-10:1992: *Technische Zeichnungen – Maßeintragung – Begriffe, allgemeine Grundlagen*

[37] DIN 461:1973: *Graphische Darstellung in Koordinatensystemen*

[38] DIN 820-1:2014: *Normungsarbeit – Teil 1: Grundsätze*

[39] DIN 1319-1:1995: *Grundlagen der Meßtechnik – Grundbegriffe*

[40] DIN 1319-2:2005: *Grundlagen der Messtechnik – Teil 2: Begriffe für Messmittel*

[41] DIN 1319-3:1996: *Grundlagen der Meßtechnik – Auswertung von Messungen einer einzelnen Meßgröße – Meßunsicherheit*

[42] DIN 1319-4:1999: *Grundlagen der Meßtechnik – Auswertung von Messungen – Meßunsicherheit*

[43] DIN 1333:2012: *Zahlenangaben*

[44] DIN 1338:2011: *Formelschreibweise und Formelsatz*

[45] DIN 1421:1983: *Gliederung und Benummerung in Texten – Abschnitte, Absätze, Aufzählungen*

[46] DIN 1422-1:1983: *Veröffentlichungen aus Wissenschaft, Technik, Wirtschaft und Verwaltung – Gestaltung von Manuskripten und Typoskripten*

[47] DIN 1422-2:1984: *Veröffentlichungen aus Wissenschaft, Technik, Wirtschaft und Verwaltung. Gestaltung von Reinschriften für reprographische Verfahren*

[48] DIN 1422-3:1984: *Veröffentlichungen aus Wissenschaft, Technik, Wirtschaft und Verwaltung. Typographische Gestaltung*

[49] DIN 1422-4:1986: *Veröffentlichungen aus Wissenschaft, Technik, Wirtschaft und Verwaltung. Gestaltung von Forschungsberichten*

[50] DIN 1450:2013: *Schriften – Leserlichkeit*

[51] DIN 1505-2:1984: *Titelangaben von Dokumenten – Zitierregeln*

[52] DIN 1505-3:1995: *Titelangaben von Dokumenten – Verzeichnisse zitierter Dokumente (Literaturverzeichnisse)*

[53] DIN 5008:2020: *Schreib- und Gestaltungsregeln für die Text- und Informationsverarbeitung*

[54] DIN 50014:2018: *Normalklimate für Vorbehandlung und/oder Prüfung – Festlegungen*

[55] DIN 52295:2010: *Prüfung von Glas – Pendelschlagversuch an Behältnissen – Attribut- und Variablenprüfung*

[56] DIN 53804-1: *Statistische Auswertungen Teil 1: Kontinuierliche Merkmale.* Beuth. X. Berlin

[57] DIN 53804-1 Berichtigung 1:2003: *Berichtigungen zu DIN 53804-1:2002-04.* Beuth. X. Berlin

[58] DIN 53804-1 Berichtigung 2:2007: *Statistische Auswertungen – Teil 1: Kontinuierliche Merkmale. Berichtigungen zu DIN 53804-1:2002-04.* X. Berlin

[59] DIN 55350:2021: *Begriffe zum Qualitätsmanagement*

[60] DIN 69901-1:2009: *Projektmanagement – Projektmanagementsysteme – Teil 1: Grundlagen*

[61] DIN 69901-2:2009: *Projektmanagement – Projektmanagementsysteme – Teil 2: Prozesse, Prozessmodell*

[62] DIN 69901-3:2009: *Projektmanagement – Projektmanagementsysteme – Teil 3: Methoden*

[63] DIN 69901-4:2009: *Projektmanagement – Projektmanagementsysteme – Teil 4: Daten, Datenmodell*

[64] DIN 69901-5:2009: *Projektmanagement – Projektmanagementsysteme – Teil 5: Begriffe*

[65] DIN CEN ISO/TS 14253-4 – DIN SPEC 1177:2010: *Geometrische Produktspezifikation (GPS) – Prüfung von Werkstücken und Messgeräten durch Messen – Teil 4: Aspekte zur Auswahl von Entscheidungsregeln (Vornorm)*

[66] DIN EN 60027-6:2008: *Formelzeichen für die Elektrotechnik – Teil 6: Steuerungs- und Regelungstechnik*

[67] DIN EN ISO 6508-1:2016: *Metallische Werkstoffe – Härteprüfung nach Rockwell – Teil 1: Prüfverfahren*

[68] DIN EN ISO 9000:2015: *Qualitätsmanagementsysteme – Grundlagen und Begriffe*

[69] DIN EN ISO 14253-1:2018: *Geometrische Produktspezifikationen (GPS) – Prüfung von Werkstücken und Messgeräten durch Messen – Teil 1: Entscheidungsregeln für den Nachweis von Konformität oder Nichtkonformität mit Spezifikationen*

[70] DIN EN ISO 14253-2:2018: *Geometrische Produktspezifikationen (GPS) – Prüfung von Werkstücken und Messgeräten durch Messen – Teil 2: Anleitung zur Schätzung der Unsicherheit bei GPS-Messungen, bei der Kalibrierung von Messgeräten und bei der Produktprüfung*

[71] DIN EN ISO 14253-3:2011: *Geometrische Produktspezifikation (GPS) – Prüfung von Werkstücken und Messgeräten durch Messen – Teil 3: Richtlinien für das Erzielen einer Einigung über Messunsicherheitsangaben*

[72] DIN EN ISO 14253-5:2016: *Geometrische Produktspezifikation (GPS) – Prüfung von Werkstücken und Messge-*

räten durch Messen – Teil 5: Unsicherheit bei der Verifikationsprüfung von anzeigenden Messgeräten

[73] DIN EN ISO 80000-1:2013: *Größen und Einheiten – Teil 1: Allgemeines*

[74] DIN EN ISO/IEC 17000:2020: *Konformitätsbewertung – Begriffe und allgemeine Grundlagen*

[75] DIN ISO 690:2013: *Information und Dokumentation – Richtlinien für Titelangaben und Zitierung von Informationsressourcen*

[76] DIN ISO 5725-1:1997: *Genauigkeit (Richtigkeit und Präzision) von Meßverfahren und Meßergebnissen. Teil 1: Allgemeine Grundlagen und Begriffe*

[77] DIN ISO 5725-2:2022: *Genauigkeit (Richtigkeit und Präzision) von Messverfahren und Messergebnissen – Teil 2: Grundlegende Methode für die Ermittlung der Wiederhol- und Vergleichpräzision eines vereinheitlichten Messverfahrens*

[78] DIN ISO 5725-3:2012: *Genauigkeit (Richtigkeit und Präzision) von Messvessverfahren und Messergebnissen Teil 3: Präzisionsmaße eines vereinheitlichten Messverfahrens unter Zwischenbedingungen*

[79] DIN ISO 5725-4:2003: *Genauigkeit (Richtigkeit und Präzision) von Messverfahren und Messergebnissen. Teil 4: Grundlegende Methoden für die Ermittlung der Richtigkeit eines vereinheitlichten Messverfahrens*

[80] DIN ISO 5725-5:2002: *Genauigkeit (Richtigkeit und Präzision) von Messverfahren und Messergebnissen. Teil 5: Alternative Methoden für die Ermittlung der Präzision eines vereinheitlichten Messverfahrens*

[81] DIN ISO 5725-6:2002: *Genauigkeit (Richtigkeit und Präzision) von Messverfahren und Messergebnissen. Teil 6: Anwendung von Genauigkeitswerten in der Praxis*

[82] DIN ISO 10576-1: *Statistische Verfahren – Leitfaden für die Beurteilung der Konformität mit vorgegebenen Anforderungen – Teil 1: Allgemeine Grundsätze*

[83] DIN ISO 22514-1:2016: *Statistische Methoden im Prozessmanagement – Fähigkeit und Leistung. Teil 1: Allgemeine Grundsätze und Begriffe*

[84] DIN ISO 22514-2:2015: *Statistische Verfahren im Prozessmanagement – Fähigkeit und Leistung. Teil 2: Prozessleistungs- und Prozessfähigkeitskenngrößen von zeitabhängigen Prozessmodellen*

[85] DIN ISO 22514-2:2019: *Statistische Verfahren im Prozessmanagement – Fähigkeit und Leistung – Teil 2: Prozessleistungs- und Prozessfähigkeitskenngrößen von zeitabhängigen Prozessmodellen*

[86] DIN ISO 22514-7:2013: *Statistische Verfahren im Prozessmanagement – Fähigkeit und Leistung. Teil 7: Fähigkeit von Messprozessen*

[87] DIN ISO 22514-7:2020 (Entwurf): *Statistische Verfahren im Prozessmanagement – Fähigkeit und Leistung – Teil 7: Fähigkeit von Messprozessen*

[88] DIN ISO 5725-1:1998 – Berichtigung 1: *Berichtigungen zu DIN ISO 5725-1:1997*

[89] DIN V ENV 13005:1999: *Leitfaden zur Angabe der Unsicherheit beim Messen*

[90] Dörfel, Günter und Hoffmann, Dieter: *Von Abert Einstein bis Norbert Wiener – frühe Ansichten und späte Einsichten zum Phänomen des elektronischen Rauschens.* Forschungsbericht Preprint 301. Berlin: Max-Planck-Insitutit für Wissenschaftsgeschichte, 2005

[91] Duden: *Die Rechtschreibung – Maßgebend in allen Zweifelsfällen.* Hrsg. von Dudenredaktion. 18. Auflage. Bd. 1. Mannheim: Bibliographisches Institut, 1980

[92] Eisenberg, Peter: *Finger weg vom generischen Maskulinum!* In: Der Tagesspiegel (Online) (2018-08-08). `https://www.tagesspiegel.de/wissen/debatte-um-den-gender-stern-finger-weg-vom-generischen-maskulinum/22881808.html`

[93] Eisenberg, Peter: *Unter dem Muff von hundert Jahren.* In: Frankfurter Allgemeine Zeitung (2021-01), S. 7. `https://zeitung.faz.net/faz/feuilleton/2021-01-08/d0acb82250595b7c2ab932d95b5c50e0/?GEPC=s3`

[94] Engels, Rainer: *Patent-, Marken- und Urheberrecht.* 11. Auflage. Müchen: Vahlen, 2020

[95] EURACHEM/CITAC Guide: *Use of uncertainty information in compliance assessment.* Guide. Uppsala, 2007

[96] EURACHEM/CITAC Leitfaden: *Ermittlung der Messunsicherheit bei analytischen Messungen.* Zweite Auflage (2. Entwurf). Uppsala, 2003-05

[97] Facemyer, Joshua u. a.: *Inkscape. Introduction — Toolbox — Appendices*

[98] Fischer, Ulrike: *Erste Schritte mit XeLaTeX.* In: Die Technische Kommödie 20.3 (2008-08), S. 7–35

[99] Fischer, Peter und Hofer, Peter: *Lexikon der Informatik.* 15. Auflage. Berlin Heidelberg: Springer, 2011

[100] Fisher, Ronald A.: *Design of Experiments.* Eighth Edition. Edinburgh: O + B paperbacks, 1966

[101] Franck, Norbert und Stary, Joachim: *Die Technik wissenschaftlichen Arbeitens. Eine praktische Anleitung.* 17. Auflage. Paderborn: Schöningh, 2013

[102] Frischemeier, Daniel: *Statistisch denken und forschen lernen mit der Software TinkerPlots.* Dissertation. Berlin: Springer Spektrum, 2016-05-13

[103] Gall, John: *The Systems Bible. The Beginner's Guide to Systems Large and Small.* 3rd Edition of Sytemantics. Walker (MN): General Systemantics Press, 2003

[104] Gerboth, Thomas: *Statistische Prozessregelung bei administrativen Prozessen im Rahmen eines ganzheitlichen Prozesscontrollings.* Dissertation. Berlin: Technische Universität Berlin, 2001-12

[105] Gimp: *GNU Image Manipulation Program – The Free & Open Source Image Editor.* 2021-12-20. https://www.g imp.org/

[106] Griebel, Thomas: *Grammatische Inkorporation substantivischer Anglizismen in der deutschen Sprache.* GRIN. München, 2006

[107] Guter, Sophia: *Texte gestalten und formulieren – Das besondere Textverarbeitungsbuch.* 10. Auflage. Haan-Gruiten: Verlag Europa-Lehrmittel, 2014

[108] HAMEG: *Was ist Rauschen?* In: HAMEG Instruments (2004), S. 9

[109] Harten, Ulrich: *Physik – Eine Einführung für Ingenieure und Naturwissenschaftler.* 8. Auflage. Berlin: Springer Vieweg, 2021

[110] Hartley, Ralph Vinton Lyon: *Transmission of Information.* In: The Bell System Technical Journal 7 (1928-07), S. 535–563

[111] Hässelbarth, Werner: *BAM-Leitfaden zur Ermittlung von Messunsicherheiten bei quantitativen Prüfergebnissen.* Forschungsbericht 266. Berlin, 2004-03

[112] Hering, Ekbert; Martin, Rolf und Stohrer, Martin: *Physik für Ingenieure.* 12. Auflage. Berlin: Springer Vieweg, 2016

[113] HEXAGON: *QUINDOS – The PowerTrain Analysis Tool for Coordinate and Form Measuring Machines.* 2013-11

[114] HEXAGON: *QUINDOS.* 2022-06-06. https://www.hexa gonmi.com/de-DE/products/software/quindos

[115] Hirsch-Weber, Andreas und Scherer, Stefan: *Wissenschaftliches Schreiben und Abschlussarbeit in Natur- und Ingenieurwissenschaften.* Stuttgart: Eugen Ulmer, 2016

[116] Hochschule Pforzheim: *Richtlinien der Fakultät für Wirtschaft und Recht für das Anfertigen wirtschaftswissenschaftlicher und juristischer Arbeiten.* Pforzheim, 2016

[117] Holland, Heinrich und Holland, Doris: *Mathematik im Betrieb – Praxisbezogene Einführung mit Beispielen.* 13. Auflage. Springer Gabler, 2021

[118] Hornsteiner, Gabriele: *Daten und Statistik– Eine praktische Einführung für den Bachelor in Psychologie und Sozialwissenschaften.* Berlin Heidelberg: Springer VS, 2012

[119] ILAC-G8:2009: *Guidelines on the Reporting of Compliance with Specification.* International Laboratory Accreditation Cooperation (ILAC). Silverwater (Australia)

[120] Inkscape: *Inkscape – Draw freely.* 2021-12-20. https://inkscape.org/de

[121] ISO 13053-1:2011: *Quantitative methods in process improvement — Six Sigma — Part 1: DMAIC methodology*

[122] ISO 13053-2:2011: *Quantitative methods in process improvement — Six Sigma — Part 2: Tools and techniques*

[123] ISO 26324:2012: *Information and documentation – Digital object identifier system*

[124] ISO/IEC 10918-1:1994: *Information technology – Digital compression and coding of continuous-tone still images – Requirements and guidelines*

[125] IUPAC: *Nomenclature of Inorganic Chemistry. IUPAC Recommendations 2005.* Research Triangle Park (NC)

[126] IUAPC: *Quantities, Units and Symbols in Physical Chemistry.* Hrsg. von **Cohen, E. Richard** u.a. IUAPC. Research Triangle Park (NC). http://www.sbcs.qmul.ac.uk/iupac/bibliog/books.html

[127] IUPAC: *Compendium of Chemical Terminology – Gold Book.* Version 2.3.3. Research Triangle Park (NC): IUAPC, 2014-24. https://goldbook.iupac.org/html/S/S05910.html

[128] **Janssen, Hans Ludwig** u.a.: *Lehrbuch der Bäckerei.* 2. Auflage 2011, aktualisierter Nachdruck. Linz (A): Trauner Verlag, 2017

[129] JCGM 101:2008: *Evaluation of measurement data – Supplement 1 to the »Guide to the expression of uncertainty in measurement« – Propagation of distributions using a Monte Carlo method*

[130] JCGM 100:2008: *Evaluation of measurement data – Guide to the expression of uncertainty in measurement – GUM 1995 with minor corrections*

[131] JCGM 102:2011: *Evaluation of measurement data – Supplement 2 to the »Guide to the expression of uncertainty in measurement« – Extension to any number of output quantities*

[132] JCGM 104:2009: *Evaluation of measurement data – An introduction to the »Guide to the expression of uncertainty in measurement« and related documents*

[133] JCGM 104:2011: *Auswertung von Messdaten – Eine Einführung zum »Leitfaden zur Angabe der Unsicherheit beim Messen« und zu den dazugehörigen Dokumenten*

[134] JCGM 106:2012: *Evaluation of measurement data – The role of measurement uncertainty in conformity assessment*

[135] JCGM 200:2008: *International vocabulary of metrology – Basic and general concepts and associated terms (VIM)*. Joint Committee for Guides in Metrology

[136] KDE: *Calligra Suite – Office and graphic art suite*. 2022-05-19. https://calligra.org/

[137] Keferstein, Claus P. und Marxer, Michael: *Fertigungsmesstechnik. Praxisorientierte Grundlagen, moderne Messverfahren*. Wiesbaden: Springer Vieweg, 2015

[138] Klenke, Kira: *Studieren kann man lernen – Mit weniger Mühe zu mehr Erfolg.* 5. Auflage. Wiesbaden: Springer Gabler, 2018

[139] Kleppmann, Wilhelm: *Statistische Versuchsplanung.* In: *Masing Handbuch Qualitätsmanagement.* Hrsg. von Pfeifer, Tilo und Schmitt, Robert. München: Hanser, 2014, S. 499–522

[140] Kohm, Markus: *KOMA-Script – ein wandelbares LATEX2ε-Paket.* Version 3.28. 2022-03

[141] Kubelik, Tomas: *Genug gegendert! Eine Kritik der feministischen Sprache.* 1. Auflage. Gera: Format, 2015

[142] Lamport, Leslie: *LATEX: User's Guide and Reference Manual. A Document Preparation System.* 2nd Edition. Addison-Wesley Series on Tools and Techniques for Computer Typesetting. Amsterdam: Addison-Wesley Longman, 1994

[143] Lau, Bernhard: *Workbook. DoE – Design of Experiments nach G. Taguchi. Produkte und Prozesse robust auslegen.* Hrsg. von Bläsing, Jügen P. Ulm: TQU Verlag, 2018

[144] Lehmann, Jelena; Scheen, Florian und Turan, Evrim: *Ingenieursysteme 1 Labor – Längenmessung und Längenprüfung.* Pforzheim, 2021-12-06

[145] Lindenlauf, Frank und Krämer, Bernhard: *Sichere oder eindeutige Konformitätsaussagen? Ein alternativer Ansatz zur Berücksichtigung der Messunsicherheit bei Variablenprüfungen.* In: tm - Technisches Messen 81.9 (2014), S. 409–421

[146] Lunze, Jan: *Regelungstechnik 1 – Systemtheoretische Grundlagen, Analyse und Entwurf einschleifiger Regelungen.* 12. Auflage. Berlin: Springer Vieweg, 2020

[147] MacFarlane, John: *Pandoc User's Guide*. 2022-05-19. `htt ps://pandoc.org/MANUAL.html`

[148] Mahr GmbH: *MarCal 16 ER – Bedienungsanleitung*. Esslingen: Mahr GmbH, 2014-01

[149] Mangin, Tyler und Bilen, Canan: *Statistical Process Control for Short-Runs*. 2002-05. `https://slidetodoc.com/st atistical-process-control-for-shortruns-depart ment-of-industrial/` (2022-08-02)

[150] Marsaglia, George; Tsang, Wai Wan und Wang, Jingbo: *Evaluating Kolmogorov's Distribution*. In: Journal of Statistical Software 8.18 (2003), S. 1–4. `https://www.jstatso ft.org/article/view/v008i18`

[151] Melzer, Almut: *Six Sigma – kompakt und praxisnah*. 2. Auflage. Wiesbaden: Springer Gabler, 2019

[152] Minitab: *Minitab – Leistungsstarke Statistiksoftware für jeden*. `https://www.minitab.com/de-de/`

[153] Montaigne, Michel Eyquem de: *Wer einen wirklich klaren Gedanken hat, ...* 2022-05-19. `https://gutezitate.com /zitat/257277`

[154] Müller, David: *Betriebswirtschaftslehre für Ingenieure*. 3. Auflage. Berlin: Springer Gabler, 2020

[155] Müller, Marcel und Wings, Elmar: *Abschlussarbeiten mit LaTeX erstellen. Eine Einführung für Ingenieure, Informatiker und Naturwissenschaftler*. Wiesbaden: Springer Vieweg, 2021

[156] Musch, Manfred: *Beispiele für Nachweis und Zitation verschiedener Quellen (nach DIN 1505-2 und – bei Internetquellen – ISO 690-2[!])* 2022-05-05. `https://parata ktika.de/download.html`

[157] Niederberger, Clemens: *Chemformula – typeset chemical compounds and reactions*. Version 4.16. 2020-12-22

[158] Niedrig, Heinz und Sternberg, Martin: *Das Ingenieurwissen: Physik*. Berlin Heidelberg: Springer Vieweg, 2014

[159] Niemann, Jörg; Reich, Benedikt und Stöhr, Carsten: *Lean Six Sigma. Methoden zur Produktionsoptimierung*. Wiesbaden: Springer Vieweg, 2021

[160] Nyquist, Harry: *Certain factors affecting telegraph speed*. In: The Bell System Technical Journal 3 (1924-04), S. 324–346

[161] Öchsner, Marco und Öchsner, Andreas: *Das Textverarbeitungssystem LaTeX – Eine praktische Einführung in die Erstellung wissenschaftlicher Dokumente*. essentials. Wiesbaden: Springer Vieweg, 2015

[162] Oestreich, Markus und Romberg, Oliver: *Keine Panik vor Statistik! Erfolg und Spaß im Horrorfach nichttechnischer Studiengänge*. Wiesbaden: Vieweg+Teubner, 2009

[163] Osterloh, Margit und Frost, Jetta: *Prozessmanagement als Kernkompetenz. Wie Sie Business Reengineering strategisch nutzen können*. 5. Auflage. Wiesbaden: Gabler Verlag, 2006

[164] Overleaf: *Overleaf – The easy to use, online, collaborative LaTeX editor*. 2021-12-20. https://www.overleaf.com/

[165] Pablos, Luis Arimany de: *Six Sigma Quality Metric vs. Taguchi Loss Function*. 2022-05-30. https://fdocuments.net/download/six-sigma-vs-taguchi

[166] Pakdil, Fatma: *Six Sigma for Students*. A Problem-Solving Methodology. Cham: Palgrave Macmillan, 2020

[167] Pan, Rong: *Statistical process adjustment methods for quality control in short-run manufacturing*. Dissertation. Pennsylvania: Pennsylvania State University, 2002-08

[168] Pandoc: *Pandoc – a universal document converter.* http s://pandoc.org

[169] Payr, Fabian: *Von Menschen und Mensch*innen – 20 gute Gründe, mit dem Gendern aufzuhören.* Wiesbaden: Springer, 2021

[170] R Project Group: *The R Project for Statistical Computing.* 2022-05-19. https://www.r-project.org/

[171] Reese, Uwe: *Verständliche Textgestaltung – Kleiner Leitfaden für Schreiber, die gelesen werden wollen.* Renningen: expert, 2004

[172] RFC 5545:2009: *Internet Calendaring and Scheduling Core Object Specification (iCalendar)*

[173] Rinne, Horst und Mittag, Hans-Joachim: *Statistische Methoden der Qualitätssicherung.* 3. Auflage. München Wien: Hanser, 1995

[174] Robertson, Will; Hosny, Khaled und Berry, Karl: *The XeTeX reference guide.* 2019-03-05

[175] Ruefer, Herbert: *Treffsichere Analysen, Diagnosen und Prognosen. Leben ohne Statistik nach Genichi Taguchi.* Berlin: Springer Vieweg, 2018

[176] Rukeyser, Muriel: *Willard Gibbs: American Genius.* Woodbridge (CT): Ox Bow Press, 1988

[177] Schack, Haimo: *Urheber- und Urhebervertragsrecht.* 9. Auflage. Mohr-Lehrbuch. Tübingen: Mohr Siebeck, 2019

[178] Schmeier, Peter: *SPC und Kleinserienfertigung – passt das zusammen? Wie sich SPC auch in Branchen mit kleinen Serien einsetzen lässt.* In: QZ - Qualität und Zuverlässigkeit 63.4 (2018), S. 54–56

[179] Schnell, Harald: *Die Gestaltung wissenschaftlicher Arbeiten. Leitfaden zur Erstellung wissenschaftlicher Arbeiten im Studiengang Wirtschaftsingenieurwesen der Hochschule Pforzheim.* Hochschule Pforzheim – Bereich Wirtschaftsingenieurwesen. Leitfaden

[180] Schulze, Alfred: *Statistische Prozessregelung (SPC).* In: *Masing Handbuch Qualitätsmanagement.* Hrsg. von Pfeifer, Tilo und Schmitt, Robert. München: Hanser, 2014, S. 695–711

[181] Scribus: *Scribus – Open Source Destop Publishing.* 2022-05-19. https://www.scribus.net/

[182] Shannon, Claude E.: *A Mathematical Theory of Communication.* In: The Bell System Technical Journal (Reprint with corrections) 27 (1948-06), S. 379–423, 623–656

[183] Shardt, Yuri A W und Weiß, Heiko: *Methoden der Statistik und Prozessanalyse – Eine anwendungsorientierte Einführung.* Berlin: Springer Vieweg, 2021

[184] Sibbertsen, Philipp und Lehne, Hartmut: *Statistik – Einführung für Wirtschafts- und Sozialwissenschaftler.* 3. Auflage. Berlin: Springer Gabler, 2021

[185] Siebertz, Karl; Bebber, David van und Hochkirchen, Thomas: *Statistische Versuchsplanung – Design of Experiments (DoE).* 2. Auflage. Berlin: Springer Vieweg, 2017

[186] Skormin, Victor A: *Introduction to Process Control – Analysis, Mathematical Modeling, Control and Optimization.* Cham: Springer, 2016

[187] SOFA: *SOFA – Statistics Open For All.* 2022-05-19. htt p://www.sofastatistics.com/home.php

[188] Sower, Victor E; Motwani, Jaideep G und Savoie, Michael J: *δ Charts for Short Run Statistical Process Control.* In: International Journal of Quality & Reliability Management 11.6 (1994), S. 50–56

[189] Stock, Steffen: *Erfolgreich wissenschaftlich arbeiten – Alles, was Studierende wissen sollten.* Hrsg. von Stock, Steffen u. a. 2. Auflage. Berlin, 2018

[190] StVO: *Straßenverkehrs-Ordnung vom 6. März 2013 (BGBl. I S. 367), die zuletzt durch Artikel 13 des Gesetzes vom 12. Juli 2021 (BGBl. I S. 3091) geändert worden ist*

[191] Taguchi, Genichi: *Introduction to Quality Engineering. Designing Quality into Products and Processes.* White Plains (NY): Quality Resources, 1986

[192] Tantau, Till: *The TikZ and PGF Packages – Manual for Version 3.1.9a.* Lübeck, 2021-05

[193] TeX User Group: *TeX Live.* https://www.tug.org/texl ive/

[194] Theisen, Manuel René und Theisen, Martin: *Wissenschaftliches Arbeiten. Erfolgreich bei Bachelor- und Masterarbeit.* 18. Auflage. Vahlen, 2021

[195] Thommen, Jean-Paul u. a.: *Allgemeine Betriebswirtschaftslehre.* 9. Auflage. Wiesbaden: Springer Gabler, 2020

[196] TinkerPlots: *TinkerPlots – Software for dynamic data exploration*. 2022-05-19. https://www.tinkerplots.co m/

[197] Tipler, Paul A und Mosca, Gene: *Physik für Wissenschaftler und Ingenieure*. Hrsg. von Wagner, Jenny. 7. Auflage. Heidelberg: Springer, 2015

[198] Toutenburg, Helge und Knöfel, Philipp: *Six Sigma. Methoden und Statistik für die Praxis*. 2. Auflage. Berlin: Springer, 2009

[199] Trömel-Plötz, Senta: *Sprache: Von Frauensprache zu frauengerechter Sprache*. In: *Handbuch Frauen- und Geschlechterforschung*. Hrsg. von Becker, Ruth und Kortendiek, Beate. Wiesbaden: VS Verlag, 2010, S. 756–759

[200] Tufte, Edward R: *The Visual Display of Quantitative Information*. 2nd Edition. Cheshire (CT): Graphics Press, 2007

[201] VDA 5:2021: *Mess- und Prüfprozesse – Eignung, Planung und Management*

[202] VDI 1000:2021: *VDI-Richtlinienarbeit – Grundsätze und Anleitungen*

[203] VDI/VDE 2627-1:2015: *Messräume – Klassifizierung und Kenngrößen – Planung und Ausführung*

[204] VDI/VDE 2600-1:2013: *Prüfprozessmanagement. Identifizierung, Klassifizierung und Eignungsnachweise von Prüfprozessen*

[205] VDI/VDE 2600-1:2019: *Prüfprozessmanagement – Identifizierung, Klassifizierung und Eignungsnachweise von Prüfprozessen (Berichtigung 1)*

[206] VDI/VDE 2600-2:2019: *Prüfprozessmanagement – Ermittlung der Messunsicherheit komplexer Prüfprozesse*

[207] VDI/VDE 2600-2E:2021: *Prüfprozessmanagement – Ermittlung der Messunsicherheit komplexer Prüfprozesse (Änderungsentwurf)*

[208] **Volkswagen AG:** *Konzernlagebericht 2021 – Belegschaft.* https://geschaeftsbericht2021.volkswagenag.com /konzernlagebericht/geschaeftsverlauf/belegsch aft.html

[209] **Volkswagen AG:** *Konzernlagebericht 2021 – Umsatz.* https://geschaeftsbericht2021.volkswagenag.com/ko nzernlagebericht/ertrags-finanz-und-vermoegens lage.html

[210] **Wikipedia:** *Andorra (Fürstentum Andorra).* 2022-05-23. https://de.wikipedia.org/wiki/Andorra

[211] **Wikipedia:** *Belgien (Königreich Belgien).* 2022-05-23. https://de.wikipedia.org/wiki/Belgien

[212] **Wikipedia:** *Deutsche Grammatik.* 2021-09-03. https://d e.wikipedia.org/wiki/Deutsche_Grammatik

[213] **Wikipedia:** *Deutschland (Bundesrepublik Deutschland).* 2022-05-23. https://de.wikipedia.org/wiki/Deut schland

[214] **Wikipedia:** *Frankreich (Französische Republik).* 2022-05-23. https://de.wikipedia.org/wiki/Frankreich

[215] **Wikipedia:** *Genus.* 2022-05-23. https://de.wikipedia.o rg/wiki/Genus

[216] **Wikipedia:** *Geschlechtergerechte Sprache.* 2022-05-23. https://de.wikipedia.org/wiki/Geschlechtergerecht e_Sprache

[217] Wikipedia: *Italien (Italienische Republik)*. 2022-05-23. ht tps://de.wikipedia.org/wiki/Italien

[218] Wikipedia: *Kanada*. 2022-05-23. https://de.wikipedia .org/wiki/Italien

[219] Wikipedia: *Liechtenstein (Fürstentum Liechtenstein)*. 2022-05-23. https://de.wikipedia.org/wiki/Liechtenste in

[220] Wikipedia: *Luxemburg (Fürstentum Luxemburg)*. 2022-05-23. https://de.wikipedia.org/wiki/Luxemburg

[221] Wikipedia: *Monaco (Fürstentum Monaco)*. 2022-05-23. https://de.wikipedia.org/wiki/Monaco

[222] Wikipedia: *San Marino (Republik San Marino)*. 2022-05-23. https://de.wikipedia.org/wiki/San_Marino

[223] Wikipedia: *USA (Vereinigte Staaten von Amerika)*. 2022-05-23. https://de.wikipedia.org/wiki/Vereinigte _Staaten

[224] Winkelhake, Olaf: *Bibliographix – Ideenmanager + Lite-raturverwaltung*. http://www.bibliographix.de/

[225] Zelazny, Gene: *The Complete »say it with Charts« Tool-kit*. Hrsg. von Roche, Sara und Sakson, Steve. New York: McGraw-Hill, 2007

[226] Zelazny, Gene: *Wie aus Zahlen Bilder werden. Der Weg zur visuellen Kommunikation – Daten überzeugend prä-sentieren*. Wiesbaden: Springer Gabler, 2015

Abkürzungen

© Der/die Herausgeber bzw. der/die Autor(en), exklusiv lizenziert an
Springer Fachmedien Wiesbaden GmbH, ein Teil von Springer Nature 2022
F. Lindenlauf, *Wissenschaftliche Arbeiten in den Ingenieur- und
Naturwissenschaften*, https://doi.org/10.1007/978-3-658-36736-7

GfK   Growth from Knowledge – Gegründet 1937 als: GfK-Nürnberg Gesellschaft für Konsumforschung, 19

GUM   Guide to the expression of uncertainty in measurement, 76

HTML   Hypertext Markup Language, 135

IEC   International Electrotechnical Commission, 32

IHK   Industrie- und Handelskammern, 19

InhVZ   Inhaltsverzeichnis, 128

ISO   International Organization for Standardization, 32

IUAPC   International Union of Pure and Applied Chemistry, 44

JPEG   Joint Photographers Expert Group – Kürzel für ein Bilddateiformat, 47

MJL   Master Journal List, 39

NGO   Non-governmental organization (s. NRO), 33

NRO   Nichtregierungsorganisation, 33

PDF   Portable Document Format (Dateiformat), 126

QD   Qualitätsdimension, 123

QuVZ   Quellenverzeichnis, 121

SAP   SAP Deutschland SE & Co. KG – Gegründet 1972 als: Systemanalyse und Programmentwicklung GbR, 19

SCI   Science Citation Index Expanded, 34

SI   Système international d'unités – Internationales Einheitensystem, 56

SPC   Statistical Process Control – Statistische Prozesslenkung, 102

SVG   Scalable Vector Graphics (Dateiformat), 134

A Ergänzungen

A.1 Zur Benummerung der Anhangkapitel

Die Benummerung der Anhänge dieses Leitfadens behält das Schema des Hauptteils bei: Der gliedernde Punkt steht nur *zwischen* den Nummern der Gliederungsebenen. Allein die oberste Ebene ist mit einem lateinischen Großbuchstaben gekennzeichnet. Nach DUDEN (zitiert in [140, S. 104]) müsste bei der alphanumerischen Gliederung der Punkt auch am Ende stehen – dann aber auch bei den Gliederungsnummern des Hauptteils. So hätte bereits ein einziges Kapitel im Anhang Auswirkungen auf den Benummerungsstil der gesamten Arbeit. Das ist schwerer nachvollziehbar.

Auch in älteren Ausgaben des DUDEN [91] ist eine Begründung für diese Regel ist nicht erkennbar. Insbesondere findet sich in den relevanten Normen [45–49, 53] kein Hinweis darauf.

A.2 Urdaten der Wiederholmessung

Tabelle A.1 listet 18 direkt hintereinander gemessene Bolzendurch-
messer d zur Bewertung eines Messschiebers [144] vom Typ MarCal
16-ER [148] mit der Seriennummer 106880. Arithmetischer Mittelwert m und empirische Standardabweichung s wurden mit dem auf
S. 68 beschriebenen Verfahren gerundet. Besprechung und Analyse

i	d/mm
1	17,00
2	17,01
3	17,02
4	17,00
5	17,01
6	17,03
7	17,00
8	17,05
9	17,00
10	17,02
11	17,00
12	17,02
13	17,00
14	17,00
15	17,01
16	17,00
17	17,04
18	17,02
m	17,012 778
s	0,015 265
$m \approx$	17,013
$s \approx$	0,016

Tabelle A.1: Urdaten der Wiederholmessung in der Messebene
M am Bolzen der Abb. 5.1 mit arithmetischem Mittelwert m
und empirischer Standardabweichung s

der Messung erfolgt in Kapitel 5.1.2.

Beispiel A.1 – Auslagern von umfangreichem Material

Dieses Kapitel zeigt, wie Sie umfangreiche, aber für die Nachvollziehbarkeit notwendige oder zur langfristigen Sicherung gedachte (Ur-) Daten, Berechnungen, Fragebögen, Programmlistings oder ähnliches in einen Anhang auslagern.

► Das Kapitel hat eine entsprechende Überschrift

► Die Querverbindung zum Hauptteil ist hergestellt

► Inhalt, Abbildungen, Tabellen oder Gleichungen
sind besprochen wie im Hauptteil

A.3 Unsicherheit einer Investition

Eine erfolgreiche Investition wandelt eingesetztes Kapital zielgerichtet in Vermögenswerte um [195]. Der zugehörige Zahlungsstrom beginnt mit einer Auszahlung gefolgt von Einzahlungen oder einer Reduktion von Ausgaben in späteren Abrechnungsperioden [154]. Zur *Investitionsrechnung* gibt es mehrere statische und dynamische Verfahren [117, 154, 195]. Sie ist ein umfangreiches Teilgebiet der Betriebswirtschaftslehre.

Unabhängig vom eingesetzten Verfahren müssen vor einer Investitionsentscheidung die Höhe von Auszahlungen, Erlösen und Mittelrückflüssen geschätzt werden. Auch wenn für geplante Auszahlungen (Kosten) Angebote vorliegen, sind alle Werte unsicher, denn zwischen Planung und Umsetzung einer Investition vergeht Zeit, in der Unvorhergesehenes passieren kann – und meistens auch wird.

An der folgenden, sehr einfachen statischen *Amortisationsrechnung*[1] [154] soll gezeigt werden, wie sich das Konzept der Fortpflanzung von Unsicherheiten Nutzen bringend auf betriebliche Fragestellungen anwenden lässt.

Für eine Anfangsinvestition I_0 mit dem Liquidationserlös[2] L am Ende der Nutzungsdauer der Investition und gleichmäßigen, periodenbezogenen Mittelrückflüssen R ist die erwartete Amortisationsdauer [154]

$$\tau = -\frac{I_0 + L}{R} \qquad (A.1)$$

$$= -\frac{I}{R} = -I \cdot R^{-1} \qquad (A.2)$$

---

[1]Bei der folgenden Rechnung gehen die Größen stets positiv in die Gleichungen ein. Erst ihre Werte sind dann vorzeichenbehaftet: positiv (bei Einnahmen) oder negativ (bei Ausgaben)

[2]Der »Erlös« am Ende der Nutzungsdauer einer Investition kann auch negativ werden, wenn z. B. eine Anlage aufwendig abgebaut werden muss.

$I = I_0 + L$ ist die Gesamtinvestition.

Gleichung (A.2) ist strukturell identisch mit Glg. (5.24). Damit ist die relative Unsicherheit der Amortisationsdauer

$$\frac{u_\tau}{\tau} = \sqrt{\left(\frac{u_I}{I}\right)^2 + \left(\frac{u_R}{R}\right)^2} \tag{A.3}$$

und ihre Unsicherheit

$$u_\tau = \tau \cdot \sqrt{\left(\frac{u_I}{I}\right)^2 + \left(\frac{u_R}{R}\right)^2} \tag{A.4}$$

Hierin ist

$$u_I = \sqrt{u_{I_0}^2 + u_L^2} \tag{A.5}$$

Beispiel A.2 – Unsicherheit der Amortisationsdauer

Es sei eine Investition geplant mit der Anfangsinvestition $I_0 = -132.000\,€$, dem erwarteten Erlös am Ende der Nutzungsdauer $L = 12.000\,€$ und den gleichmäßigen, periodenbezogenen Mittelrückflüssen $R = 5.000\,€/\text{mon}$. Gleichung (A.1) ist das Modell (die »Messfunktion«) der Amortisationsdauer $\tau = \tau(I_0, L, R)$ mit der zugehörigen Unsicherheit u_τ in Glg. (A.4).

Für die Eingangsgrößen werden folgende relative, mit $k = 2$ erweiterte Unsicherheiten geschätzt:

$$\frac{U_{I_0}}{|I_0|} = 10\,\% \quad , \quad \frac{U_L}{|L|} = 25\,\% \quad , \quad \frac{U_R}{|R|} = 20\,\% \tag{A.6}$$

Damit liegen die erwarteten Werte mit einer Wahrscheinlichkeit von rund 95 % in den durch die erweiterten Unsicherheiten abgesteckten

Bereichen. Die Eingangsgrößen des Modells mit den Standardunsicherheiten sind nun:

$$I_0 = (-132.000 \pm 6.600) \, \text{€} \qquad \text{(A.7)}$$

$$L = (12.000 \pm 1.500) \, \text{€} \qquad \text{(A.8)}$$

$$R = (5.000 \pm 500) \, \text{€/mon} \qquad \text{(A.9)}$$

Daraus folgt zunächst die Gesamtinvestition

$$I = I_0 + L = -132.000 \, \text{€} + 12.000 \, \text{€} \qquad \text{(A.10)}$$

$$= -120.000 \, \text{€} \qquad \text{(A.11)}$$

und ihre Standardunsicherheit

$$u_I = \sqrt{u_{I_0}^2 + u_L^2} = \sqrt{(6.600 \, \text{€})^2 + (1.500 \, \text{€})^2} \qquad \text{(A.12)}$$

$$= 6.768{,}31 \, \text{€} \qquad \text{(A.13)}$$

mit der relativen, erweiterten Unsicherheit

$$\frac{U_I}{|I|} = \frac{13.536{,}62 \, \text{€}}{120.000 \, \text{€}} = 0{,}1128 = 11{,}28\,\% \qquad \text{(A.14)}$$

Die Amortisationsdauer ist dann

$$\tau = -\frac{I}{R} = -\frac{(-120.000 \, \text{€})}{5.000 \, \text{€/mon}} = 24 \, \text{mon} \qquad \text{(A.15)}$$

und ihre relative, erweiterte Unsicherheit

$$\frac{U_\tau}{\tau} = \sqrt{\left(\frac{U_I}{I}\right)^2 + \left(\frac{U_R}{R}\right)^2} \qquad \text{(A.16)}$$

$$= \sqrt{(0{,}1128)^2 + (0{,}20)^2} = 0{,}2296 \qquad \text{(A.17)}$$

$$= 22{,}96\,\% \qquad \text{(A.18)}$$

Daraus folgt für die erweiterte Unsicherheit der Amortisationsdauer

$$U_\tau = \tau \cdot \left(\frac{U_\tau}{\tau} \right) = 24\,\text{mon} \cdot 0{,}2296 \qquad (A.19)$$

$$= 5{,}5109\,\text{mon} \qquad (A.20)$$

Aufrunden der Unsicherheit ergibt

$$U_\tau \approx 6\,\text{mon} \qquad (A.21)$$

Die erwartete Amortisationsdauer ist nun

$$U_\tau = 24(6)\,\text{mon} \qquad (A.22)$$

Das Investitionsvorhaben wird sich mit einer Wahrscheinlichkeit von rund 95 % innerhalb von 1,5 bis 2,5 Jahren nach der Anfangsinvestition bezahlt gemacht haben.

Hinweis. Beachten Sie:

▶ Die Einschätzungen beziehen sich auf einen Zeitraum von rund zwei Jahren in der Zukunft.

▶ Machen Sie Ihre Abschätzungen deshalb grob – mit entsprechend großen Unsicherheiten – aber nicht zu grob.

▶ Bei großer Genauigkeit der Zahlen, wird auch eine hohe Treffsicherheit in der Vorhersage erwartet.

Abbildungen

© Der/die Herausgeber bzw. der/die Autor(en), exklusiv lizenziert an
Springer Fachmedien Wiesbaden GmbH, ein Teil von Springer Nature 2022
F. Lindenlauf, *Wissenschaftliche Arbeiten in den Ingenieur- und
Naturwissenschaften*, https://doi.org/10.1007/978-3-658-36736-7

Tabellen

Glossar

Akronym Ein Akronym (auch: Initialwort) ist ein Sonderfall der Abkürzung. Akronyme entstehen dadurch, dass Wörter oder Wortgruppen auf ihre Anfangsbestandteile gekürzt werden. 135

Digital Object Identifier Eine weltweit eindeutige, einem materiellen oder immateriellen Produkt dauerhaft zugeordnete digitale Kennung. Verantwortlich für den Digital Object Identifier (DOI) ist die Organisation, die das zugehörige Produkt herstellt oder veröffentlicht [123]. 31

Glossar Ein Verzeichnis oder eine Liste von Wörtern mit beigefügten Erklärungen oder Übersetzungen – von lat. glossarium. 15

JPEG Die gebräuchliche Bezeichnung für die 1992 vorgestellte Norm ISO/IEC 10918-1 bzw. CCITT Recommendation T.81, die verschiedene Methoden der Bildkompression beschreibt für Bilder mit stufenlosen Farbverläufen (continuous tone pictures). Die Bezeichnung JPEG geht auf das Gremium *Joint Photographic Experts Group* zurück, das die Norm [124] entwickelt hat. 47

© Der/die Herausgeber bzw. der/die Autor(en), exklusiv lizenziert an
Springer Fachmedien Wiesbaden GmbH, ein Teil von Springer Nature 2022
F. Lindenlauf, *Wissenschaftliche Arbeiten in den Ingenieur- und Naturwissenschaften*, https://doi.org/10.1007/978-3-658-36736-7

Kommandozeileninterpreter Das Programm eines Betriebssystems, das Benutzereingaben aus Kommandozeilen einliest und ausführt. Im Gebrauch üblich ist die englische Bezeichnung Command Line Interpreter (CLI) [99]. 136

Metrologie Wissenschaft des Messens [135]. 65

PDF Das *Portable Document Format* ist ein plattformunabhängiges Dateiformat für Dokumente, das vom Unternehmen *Adobe Systems* entwickelt und 1993 veröffentlicht wurde. Die Dateiendung ist *.pdf [23, 99]. 126

Qualität Grad, in dem ein Satz inhärenter Merkmale Anforderungen erfüllt [68]. 123

Spatium Das *Spatium* oder die Trennfuge (Leerzeichen) ist in der Typografie ein nicht druckendes Zeichen zum Erweitern (Spationieren) der Wort- und Zeichenabstände. 43

SVG Scalable Vector Graphics, ist die vom World Wide Web Consortium (W3C) empfohlene Spezifikation zur Beschreibung zweidimensionaler Vektorgrafiken. SVG basiert auf XML [24]. 134

Suchbegriffe

Suchbegriffe mit einem Buchstaben in runden Klammern dahinter zeigen das jeweilige Korrekturzeichen aus Tabelle 6.2 an.

Suchbegriffe

Printed in the United States
by Baker & Taylor Publisher Services